U0033298

暢銷人氣麵包

胡富雄　著

這幾年去了日本、中國、法國、美國，認識了更多人，得到了很多珍貴的友誼，工作、學習、旅遊，不管我在做什麼，共通點就是都離不開「麵包」。

對我來說，麵包就是生活的一切，這段時光讓我更了解各國的麵包文化，也更清楚自己喜歡的是什麼樣的麵包。出這本書主要是想推廣、想跟大家分享我覺得「好」的麵包，同時跟大家說說製作技法，與在國外淬鍊的技巧經驗，讓大家對各類型的麵包有更深入的了解。

本書會介紹對麵包極爲重要的幾款基本材料，同時包含各類型麵包的基本架構，還有各種作法的利弊，讓讀者能更簡單明白其中的差異性。我相信，這本書不管是家庭主婦，還是自己開工作室的烘焙人，或者是烘焙相關企業主管階級的人都很適合觀看。

當我在公司做服務時，常常會有一些因其他方面經驗能力豐富，而受公司青睞的主管，但由於本身沒有烘焙經驗，導致沒有概念，使得當事人與師傅都有些一頭霧水，無法施展拳腳。**希望讀者們能在閱讀本書後，達到對各類型的麵包有基本的認識，甚至能達到嘗試依據自己喜歡的口感進行配方調整。**或許剛開始有些困難，但這正是做麵包的樂趣所在，畢竟如果只是以單純看一本配方書的角度來讀，多少會感到無趣。世界麵包冠軍——王鵬傑師傅曾說過令我印象深刻的一句話：「用扎實的基礎去支撐你的天馬行空。」，他口中的基礎涵蓋「理論基礎」與「手法基本功」，如果跳過基礎，單純尋找厲害的配方，意義實在不大。

希望這本書能給業界的師傅一點靈感來源，製作更美味的麵包帶給顧客。大家都希望製作出好吃的麵包，但要製作好吃的麵包其實具備三要素，分別爲「好的技術」、「好的設備」、「好的食材」；技術得靠多練習、設備也會提供大家一些替代方案；食材則沒有取巧之處，食材的新鮮、品質沒有所謂的解

決方案，只能靠自己把關，但想跟大家分享，並非所有好的材料組合在一起，結果就會是好的。打個比方，如果把口味都很重的材料都放在一起，吃起來就會太膩，這次收錄的麵包「No.4 液種法國葛瑞爾」，用的就是味道乾淨的「液種法國麵團」搭配頂級「葛瑞爾起司」，兩者風味相輔相成，相得益彰。如果都用風味強烈的頂級材料，反而要擔心是否會互相影響。

這次很感謝兩位師傅幫忙拍攝，一位是我的親哥哥胡富元，另一位則是達人杯冠軍得主余皓軒師傅，當然也感謝苗林行老闆——書哥讓我們使用如此高級的教室進行拍攝，感謝陳俊廷師傅的協助，因為有你們，拍攝才能順利。最後感謝業界的師傅與廠商，因為有你們的幫忙，本書才得以呈現。

從事烘焙行業到現在，遇過非常多熱愛麵包的師傅與經營者，他們願意付出心力與金錢去製作較為健康美味的麵包，也遇過嘴巴上講得好聽，實際上只為盈利忘了初衷的人。透過本書，希望大家都能在製作過程中找到自己「最喜歡的麵包類型」。同時也去了解同樣的一款麵包，會因為製作過程的不同、材料的優劣，帶出不同的風味，去體會一些麵包店的用心，而非單純的追求 CP 值。當我們終於能明白他人的用心，突然驚覺「看似簡單的麵包，其中竟傾注了另一個人的心意」，這份心意若能確實傳遞，它會在你我間，綻放成美好的互動，圍繞在我們週遭的生活，也肯定會更加美好。

麵包改變我的人生，因為麵包，我學了日文、也到國外工作與旅遊，麵包使我的生活更精彩，所以也希望大家能更加喜愛麵包，讓它精彩你的生活。謝謝正在閱讀這段話的讀者們，希望收錄的內容大家會喜歡，也期盼本書能帶給你／妳，一段美好的烘焙時光。

推薦序 — 美食分享家

上海果康國際貿易有限公司
謝宗宏總經理

富雄師傅出身烘焙世家，是臺南名店的第三代，先後得到了許多世界級大師的指導與傳承。其心中對自己認定的職業夢想，成爲他渴望成功的最大動力；珍惜每一次與國際名師學習交流的機會，刻苦鑽研的精神也得到國際名師一致肯定與好評。而在日本學習的那兩年，對日式麵包的製作工藝，有著個人獨特的見解與分析。

今日，我看到很多師傅，對未來充滿希望，他們的環境好，他們的專業素質和視野高，也拿出幹勁，想要做的更好，但是他們對製作產品技術沒有很好的鑽研（或許沒有名師指導，也或許沒有資料可以學習）。而富雄用一股強而有勁的心理素質，用企圖心、專研心支撐自己，那股力量促使他義無反顧的投入研究，研究他想要的產品品質，不斷地拉高標準，不斷地突破自我。

所謂負責任，不是把工作做完就好，而是盡全力把工作做好，不是爲了主管或老闆，而是爲了自己，替自己累積未來的成就。技術者也是如此，並不是把產品做出來就好，如何做出風味好、口感佳、老化慢的產品，才能在我們烘焙業中脫穎而出。

「沒有熱情就沒有能量，沒有能量就沒有一切」一位對烘焙極具熱情的師父，願意將他多年專研的成果，與我們分享，是值得我們學習和尊敬的。而書中許多經典之作，讓我深刻體會何爲美食，在細嚼美食的同時，也深刻體會了麵包職人精神。

極致追求，精彩可期！

麵包也是有生命力的

很多人都有一個開甜品店、咖啡店的夢想，親手烘焙一些甜甜的、美味的麵包或者餅乾，看著別人享受著自己精心製作的成果，內心被充實和愉悅填滿。

但烘焙可不是簡簡單單的一種烹調形式，它更講究精確二字。比如酵母和麵粉的比例、發酵的溫度等參數，稍稍出現一點改變，做出來的成品就會完全不同。也意味著，在製作過程中需要十分的用心，才能讓手裡的麵團「活」過來。

現在的人生活節奏普遍都很快，忙著工作、忙著社交，擔心停下來的瞬間就被時代拋棄，甚至很難在閒置時間裡，靜下心來做某件事情，只為取悅自己。而烘焙恰巧是一個可以讓人沉靜下來，全身心投入的事情。當你全神貫注製作一款麵包的時候，就像是人類在和食物的接觸中，完成了一次內心與生活的對話。

「在這個溫柔與殘酷並存的世界裡，美食是我們最好的治癒方式。」

或許有一些人在開始嘗試的時候，會覺得做麵包的方式並不複雜。實際上，其中的每一個步驟，包括手法、溫度、發酵時間等細節都不容小覷。治大國若烹小鮮，即使是專業的師傅，也要保持嚴謹專注的態度面對每一次烘焙。

很慶幸，在這個「如琢如磨」的慢行業裡，還有許多志同道合的夥伴，願意每天和麵包磨合，力度、時間、溫度……用心雕琢每一款麵包，為世界增添一味愉悅。

用心，真是這個世界上最簡單，又最複雜的事情，也是這個世界上最折磨人，但又最美好的事情。也正是這樣，我們都需要找到那份「初心」。

正如富雄師傅所說的，烘焙的基礎理論與手法是最為重要的基本功，跳過這些，單純尋找厲害的配方沒有絲毫的意義。即使是富雄師傅這樣出身烘焙世家、臺南名店的第三代，也獲得過許多世界級大師的指導和好評的麵包師，也會全身心地投入製作一本最「基礎」的麵包書。在這本新書裡，我們能看到的不僅僅是日本、法國和美國等豐富而又專業的麵包製作方法，還有富雄師傅分享的製作經驗，以及他對各類型麵包的理解和深入淺出的介紹，這些經驗都可以給烘焙師們提供新鮮的靈感和思路。

麵包也是有生命力的，每位烘焙師傅的態度、性格都會影響最終的味道；而美味的麵包，也能將烘焙師傅內心的熱情傳遞給每一位品嚐者。通過富雄師傅的這本書，希望能夠喚起更多人對美食、對生活的熱愛，也希望大家都能在本書找到屬於自己的快樂。

我相信，這才是對烘焙師傅們「用心」的最好回應！

上海優程食品有限公司

林燈谷 總經理

Contents

新鮮酵母

水

即發乾酵母

小麥粉

鹽

雞蛋

細砂糖

鮮奶

Part 1 「理解麵包」材料說明篇

小麥粉

　　小麥是最適合做麵包的原材料，麵包的全部製程都與小麥粉的成分相關。首先，小麥粉有其他穀物所沒有的麥穀蛋白（glutenin）和醇溶蛋白（gliadin），這兩種蛋白質與水混合後，就會形成麵筋，而麵筋就是麵包主要的結構，有了麵筋才能夠包裹住酵母所產生的二氧化碳，進行完美的膨脹。在發酵的過程中，酵素會將小麥中的澱粉分解為麥芽糖，變成酵母養分的來源之一，這些過程產生的分解物質，就成了麵包的風味與香氣來源，這就是小麥最適合用來做麵包的主因。

♪ 本書如果是 T 系列麵粉，皆會另外標示

　　目前市面上的麵粉，日本麵粉是用蛋白質的質量進行分類，一般分為特高筋麵粉、高筋麵粉、中筋麵粉、低筋麵粉，而另一種則是法國麵粉，依據灰分含量作為標準，常見為法國麵粉 T45、T55、T65 系列。

特高筋麵粉	蛋白質含量 14% 以上，這類型麵粉的麵筋比一般麵粉高，更耐機械性，但是咬勁過強，不建議 100% 使用此種麵粉進行麵包製作，比較適合製作麵食。
高筋麵粉	蛋白質含量 10.5~13.5，顏色比中筋麵粉與低筋麵粉深，手抓不易成團（顆粒較粗），適合製作麵包。
中筋麵粉	蛋白質含量 8.0~10.5，顏色介於高筋、低筋麵粉之間，手抓呈半鬆散狀，適合製作饅頭、包子。
低筋麵粉	蛋白質含量 6.5~8.5，顏色較白，手抓易成團（顆粒較細），適合製作餅乾、蛋糕。

※ 法國麵粉：特別為法國麵包而製作的麵粉。

法國麵粉 T45	灰分含量小於 0.50%，麥粒研磨比率 60~70%，適合製作甜麵包、吐司。
法國麵粉 T55	灰分含量 0.50~0.60%，麥粒研磨比例 75~78%，適合製作法國麵包、裹油類產品。
法國麵粉 T65	灰分含量 0.62~0.75％，麥粒研磨比例 78~82%，適合製作法國麵包，成品比 T55 組織顏色更黃，皮也更厚。

酵母

在製作麵包時，酵母所使用的量非常少，不過卻是不可或缺的原料之一，原因是酵母將糖分解時所產生的二氧化碳使麵團得以膨脹，而良好的膨脹能使產品擁有更好的外觀（價值感）。其次，發酵過程還會分解出酒精等物質，令麵包擁有獨特的芳香與風味。另外使用自製酵母時，依菌株的不同，成品的風味與香氣也會略有不同，更能做出屬於自己獨一無二的味道，這也是自製酵母的迷人之處。

為了讓酵母充分的發揮作用，製作麵包前需要慎選酵母的種類，目前市售商業酵母主要分成四種，依形狀分類成：新鮮酵母、乾酵母、即發乾酵母、速發酵母。其中再依性質分類成：冷凍麵團用、高糖度麵團用、低糖麵團用。

新鮮酵母

直接將酵母菌壓制成濕性塊狀，保持酵母最大的活性，在使用時產氣（產出二氧化碳）最快，也耐高糖，不過由於此種酵母的水分較高（約 70%），如果放在室溫時間過長，酵母本身會因呼吸作用發熱導致變質，最後失去發酵力，所以盡量放在 5°C 的冰箱保存，使用時取出直接使用即可。缺點就是保存期限較短，約兩週後發酵力就會開始減弱，多為專業麵包店所使用。

乾酵母

形狀為小顆粒狀，將酵母菌低溫烘焙而成（水分約 8%），使酵母呈現休眠狀態，使用前需以酵母 5 倍量的水進行混合使其活化（預備發酵），混合約 10~20 分鐘後即可使用，使用時產氣速度、耐糖性都不如新鮮酵母。優點就是由於酵母呈現休眠狀態，放置冰箱可保存約 2 年。*使用量為新鮮酵母的 1/2。

即發乾酵母

形狀為比乾酵母更細小的顆粒，不需預備發酵可直接使用，發酵力也比乾酵母來得好，不過攪拌時間低於 5 分鐘的話，建議先取配方中一部分的水進行溶解。
一般分為低糖乾酵母與高糖乾酵母（耐糖）兩種類型，配方中的糖對麵粉超過 7% 使用高糖；低於 7% 則使用低糖，保存上同乾酵母。*使用量為新鮮酵母的 1/3。

速發酵母粉

產氣時間較短，大部分的麵包師傅會認為風味較為不足，基本上不使用。

*整體酵母用量的調整（一般正常用量下）：
　-- 減少：與天然酵母合併使用 / 長時間發酵。
　- 略減：夏天（室溫高）/ 操作過程較久。
　+ 略增：冬天（氣溫低）/ 含鹽量較高 / 麵筋較強。
　++ 增加：砂糖較多（10% 以上）/ 油脂較多。

水

　　水的重要性在於麥穀蛋白和醇溶蛋白需要在水分的架構下，才能形成麵筋。包括酵素、糖或氨基酸都是溶於水後開始作用，不只如此，水還可以調整麵團的軟硬度（關係到老化程度、柔軟度）、麵團的溫度（關係到發酵），可想而知水的重要性。但是所有的水都適合製作麵包嗎？意外的，適合製作麵包的水其實並不多，水質的軟硬，水的 pH 值都會對麵團造成影響。

↗ 水以外的水分：鮮奶、雞蛋、果汁、酒類等。

　　水對麵團軟硬度的影響：**麵團過硬**攪拌溫度容易上升，麵團容易斷裂不易滾圓，烤焙彈性差，成品乾燥粗糙，成品老化快。**麵團過軟**麵團沾黏不易操作，成品水分過多，口感不佳（黏口），烤焙彈性差，容易發霉。

　　使用軟硬水的現象與對策：

　　使用軟水時酵素會過於活躍，軟化麵筋使麵團較無支撐力，成品變得沈重。

　　☺ **改善方式**：增加鹽的使用量，或者改良劑（硫酸鈣、碳酸鈣）。

　　使用硬水時麵筋變得過緊導致麵團容易有斷裂的現象，發酵遲緩，成品容易乾燥且老化迅速。

　　☺ **改善方式**：提高酵母的使用量，或是增加水量。

> **水的硬度是指溶解在水中的鹽類物質含量，即是鈣與鎂含量的多少，含量多的硬度大（硬水）；反之則小（軟水）。**

食鹽

　　鹽在製作食品上是非常關鍵的，不僅能增加風味，更能平衡糖的甜味，尤其在製作麵包時能抑制麵團中酵素的作用，減緩酵母消耗糖的速度，同時藉由蛋白酶的作用，使易鬆弛的麵筋保有彈性，確保麵團不會過度沾黏的同時，氣體也可以完美保留在麵團中，還可以抑制酵母過度發酵，抑制雜菌繁殖，使麵團穩定發酵。

✏️ 海鹽 / 岩鹽與一般精鹽的差異：

海鹽	為食用鹽的一種，通過傳統海水蒸發製作的日曬鹽，析出的結晶即為「海鹽」，除了氯化鈉，還有鎂、錳、鉀等其他礦物質，由於擁有豐富的礦物質，所以海鹽的風味較為特殊，價格上也比較貴。
岩鹽	是古代海洋或鹽湖，地表水分蒸發、沉積，或是地殼變動而成，純淨度較高，雖說鹹味不如海鹽，但礦物質含量高於海鹽，風味上更為特殊，價格上岩鹽為海水蒸發沈積而成，故產量少價格貴於海鹽。
精鹽	市面精製鹽，是將海水通過電流，以離子交換膜將海水篩選分離成鈉離子、氯離子，再集合成精鹽，只剩下氯化鈉。是一種便宜、安全、有效率的製法，但缺點是幾乎沒有礦物質，製作的麵包品質穩定卻無特殊風味。

"

每個師傅都有自己喜愛的種類，可以依據麵包種類或個人喜好進行挑選。

後鹽法	最後才加入鹽攪拌，此作法是為了讓鹽緊縮麵筋，進而達成縮短攪拌時間的方法，一般使用在法國長棍麵包或高水量麵包上，雖說鹽可以緊縮麵筋，但前提必須是在麵團產生筋性後加入才有效果，所以後鹽法一般來說都會搭配自我分解法進行操作。
自我分解法	將酵母與配方水量進行攪拌（拌勻即可），攪拌完成後靜置 15~30 分鐘，讓麵團自我生成筋度後，再進行攪拌，達成縮短攪拌時間的同時，由於更好的水合作用，使得烤焙時的膨脹性更加優良。

"

糖類

糖在麵包中扮演的主要角色是「供給酵母發酵所需的養分」。發酵時產生酒精與二氧化碳；酒精是用來軟化麵筋組織；二氧化碳則是使麵包膨脹。烤焙時糖會因高溫而單獨焦化，或是與蛋白質產生梅納反應，使麵包呈現漂亮的表層外皮色澤，攪拌時也會因糖的比例增加麵團的延展性，舉個例子來說，菓子麵包跟吐司的配方原材料是差不多的，除了其他濕

性材料稍微增加外，最明顯的莫過於「砂糖」的使用量了，這也使菓子麵團呈現與吐司麵團截然不同的差異，此外，糖的保濕性高，使成品變得更加濕潤，其次，當含糖量越高時，也對產品產生了一定的防腐作用。

🖊 **糖的製造方式分類：**

　　糖分成未分離出蔗糖結晶和糖蜜的「含蜜糖」，和已分離出糖蜜的「分蜜糖」。（市售 90% 爲分蜜糖）

含蜜糖	分蜜糖
有黑糖、紅糖、楓糖等。	有白砂糖、紅糖、上白糖等。
*和三盆糖則位於兩者之間	

糖的化學分類

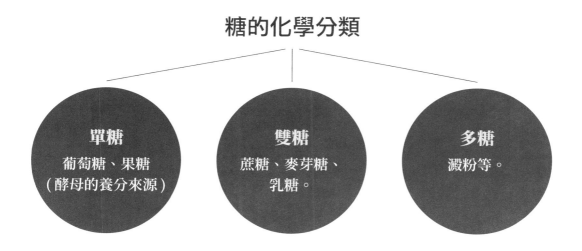

單糖
葡萄糖、果糖
（酵母的養分來源）

雙糖
蔗糖、麥芽糖、乳糖。

多糖
澱粉等。

糖度	各種單糖或雙糖的相對甜度，假設蔗糖爲 1.0，則其它甜度爲果糖 1.5，葡萄糖 0.7，半乳糖 0.6，麥芽糖 0.5，乳糖 0.4。
液態糖	其製作方法上，有在精緻過程中取出的糖液，將蔗糖再次溶解而成（蔗糖液）原材料直接製作，或是以分解澱粉的葡萄糖來製作，或是異構化（isomerization）後，將葡萄糖與果糖約各半的比例進行製作的（高果糖玉米糖漿）等。
果糖	大多存在於水果、蔬菜、或是蜂蜜當中，具保濕性，甜味強烈卻能抑制卡路里等優點。
轉化糖	蔗糖中使用稀酸或是轉化酶作用，加水分解會形成葡萄糖和果糖的等量混合物，甜味強且具高滲透性。

乳製品

　　乳製品於麵包中是重要的副食品，能增強風味與香氣，並增加營養價值，增強成品的烤焙色澤，還有防止老化等作用。但乳製品也有其缺點，過多的乳製品容易導致攪拌時間過長，延緩發酵，抑制體積等情況。目前較常使用於麵包的乳製品包括奶油、鮮奶、鮮奶油、脫脂奶粉、起司、煉奶等等。以下介紹幾個較常加入麵團的乳製品。

奶油

奶油是由牛乳分離出的乳霜脂肪，經攪拌製程使其結合成塊狀，目前市場上比較常見的包括無鹽奶油、有鹽奶油、發酵奶油還有片狀奶油，一般用於攪拌的奶油都會選擇無添加鹽的奶油，原因在於有鹽奶油的鹽分會影響配方，還需經過換算過於麻煩；而發酵奶油則是在製作過程中加入乳酸菌使其發酵，吃起來較輕盈爽口；片狀奶油是特別製作用於裹油類的奶油，可省略自行敲打奶油成片狀的步驟，不過有些麵包師由於喜好的奶油品牌沒有片狀奶油，還是會自行敲打使用。

脫脂奶粉

添加脫脂奶粉的麵團極具保水性，所以可以延緩麵包老化，烘烤的成品外表顏色光澤良好，味道香氣增加，營養價值也豐富，但有幾點需要注意，添加脫脂奶粉會導致攪拌時間變長，另外麵包的 pH 值也會容易變高，高 pH 值的麵包會比較缺少發酵氣味，麵團也會有鬆弛現象，有發酵緩慢的狀況，需提高麵團終溫、或對發酵箱溫度進行調整，但也可以利用此特性，將其運用在隔夜冷藏的菓子麵團上。

鮮奶

鮮奶的營養價值非常高，其內容是 3% 以上的脂肪，無脂固形物成分 8% 以上，蛋白脂含量約為 3%，脂肪構成的脂肪酸大多也是揮發性脂肪酸、低飽和脂肪酸，這些粒子細小且以乳化狀態存在，因此容易吸收消化。其中鮮奶中所含的糖質幾乎都是乳糖，但麵團中卻並不存在可以分解乳糖的酵素，因此會直接殘留在麵團中，所以添加鮮奶或這類型的乳製品，烘烤後會有特殊的甜味。

鮮奶油

一般鮮奶油的乳脂在 35％ 以上，也有一種低脂的鮮奶油，乳脂在 18~20%（一般為咖啡用），添加鮮奶油的目的在於防止老化，提升成品的風味與香氣，普遍流行添加於吐司中，能令吐司更加綿密。

雞蛋

　　雞蛋是經常添加於菓子麵團或吐司的一樣材料，他能給予麵包組織美味的淡黃色，表皮也會更有光澤，而雞蛋中蛋黃部分含有的卵磷質可以增加麵團的延展性，使麵包體積更大，老化速度也更慢，營養價值更不用說，可以說是便宜且具有高價值的安全食品，13 種以上的蛋白質成分，還有大量的氨基酸。

添加雞蛋的注意事項　　　雞蛋中有 75% 爲水分，須添加 10% 以上才能明顯感受到效果。添加 30% 以上時，麵團結合力變差，需添加更多時則使用蛋黃，同時吸水量需減少，水減少的量相當於雞蛋配方量的 6~7 成。當雞蛋作爲黏著劑時，蛋白效果較佳。而雞蛋本身 pH 值高，大量添加進麵團時容易造成發酵遲緩的現象。

卵磷質　　　　　　　　雞蛋成分當中與製作麵包最爲相關的就是蛋黃中的脂肪，卵磷質跟膽固醇都是天然的乳化劑，具有重要的功能，反倒蛋白就必須小心使用，過多的蛋白加入麵團中反而會引起反效果。

安全、方便的加工雞蛋　規模大一點的店家一天所需的雞蛋量非常多，所以敲蛋變成非常費時的一件事，不僅費時，有時一顆臭蛋，會導致同一盆蛋都不行用的情況，變相導致成本增加，甚至還會發生讓客人吃到帶有蛋殼的麵包風險，爲了屏除這些風險，而有了加工雞蛋，加工雞蛋有幾個種類：冷凍蛋、液體蛋、乾燥蛋。這真是造福麵包師的產品，非常好用。

	$\mathcal{A}$ 法式麵包	$\mathcal{B}$ 歐式麵包	$\mathcal{C}$ 裹油類麵包
麵粉	100%	100%	100%
新鮮酵母	1.8%	1%	5%
水	68%	65%	63%
鹽類	2%	2%	2%
糖類	0.2%（麥芽精）	0.3%（麥芽精）	5%
乳製品	無	無	無
脫脂奶粉	無	無	3%
雞蛋	無	無	無
奶粉	無	無	5%

最具代表性的是法國長棍，本書也將義大利的巧巴達麵包（俗稱拖鞋）歸類於其中。法國長棍的特色是表皮酥脆，組織Q彈，配方架構單純，通常僅由麵粉、水、鹽、酵母，四大原料組成。經充分發酵，充分烤焙而成。
雖使用的材料單純，製程的不同，其風味也具有驚人的差異。

本書將鄉村跟裸麥麵包歸在歐式類，理論跟基本架構上與法國長棍大致相同，通常製作A、B兩類麵包時會合併使用自製酵母，使風味更加獨特。

據傳可頌發源自維也納，包圍維也納的土耳其大軍因久攻不下，欲挖掘隧道的敲擊聲被清晨早起的麵包師傅聽到，使奧地利軍隊獲勝，爲了慶祝與紀念勝利，而作出了經典的牛角麵包（土耳其旗幟上的新月造型）。
普遍麵團架構類似吐司，折疊入對麵粉50%的奶油，製造酥脆口感。
＊麵團內不添加黃油時，口感較爲硬脆，層次更分明。

$\mathcal{D}$ 吐司麵包	$\mathcal{E}$ 甜麵包	$\mathcal{F}$ 創意麵包
100%	100%	-
2.5%	3%	-
67%	48%	-
2%	1.2~1.6%	-
5%	15%	-
無	無	-
4%	3%	-
無	15%	-
5%	15%	-

現在的吐司已沒有特殊規範，只要使用模具烤焙而成的都能稱之為吐司，甚至在模具的造型上也不侷限於正方形或長方形，不過一般的吐司糖分還是會落在 10~12%，氣泡較細緻，口感較綿密。

日本菓子麵包使用大量的砂糖製造出跟吐司麵團截然不同的風味與口感，以前的標準配方砂糖含量約對粉的 25%，近年由於健康因素，砂糖用量已減少許多。布里歐麵包跟菓子麵包架構上最大的不同在於雞蛋與奶油的使用量，風味與口感因此截然不同。

收錄造型特殊，跳脫一般觀念進行製作而成的麵包，沒有規則。

Part 2

「探索麵包」烘焙流程篇

攪　拌	利用低速充分的攪拌，使得材料與水完美結合，這個階段稱爲「拾起階段」，此時麵團無彈性、延展性，表面粗糙且濕黏。（★嘗試新配方或是使用未嘗試過的粉時，麵團的軟硬度最好在這階段進行調整） 接下來切換成中速，使麵團形成麵筋，這個階段稱作「捲起階段」，此時的麵團因爲一部分的蛋白質形成麵筋，變得較爲完整且不再那麼沾黏，麵團較「拾起階段」更有延展性，不過易斷裂。 持續攪拌後會進入第三個階段，稱之爲「擴展階段」，這時由於形成更多麵筋，麵團表面變得更加不黏手，更具彈性且較爲柔軟，有一點鬆弛現象，查看麵筋時薄膜完整，但戳破時，帶著微微的鋸齒狀。此時也是大部分麵團加入奶油的時機（加入奶油時建議使用慢速，先讓奶油與麵團完整混合再開快速）。 持續攪拌後會到最後一個階段，我們稱之爲「完全擴展」階段，此時的麵團柔軟性、彈性佳，表面不沾黏有光澤，查看麵筋時薄膜薄透，可見指紋，戳破時光滑無鋸齒狀，這個階段的麵團變化較快，須多加注意。
基本發酵	這時要注意防止麵團表面乾燥，一般會放在箱子裡（發酵箱），進行發酵。 家庭操作時可以買帶蓋的整理箱代替，此時還需注意固定發酵室的溫度，麵團放置處建議擺放一支溫度計，方便進行調整。 ★建議的溫濕度爲：溫度 26~28℃，濕度 70~75%。 溫度過高可以用冷氣進行調整，調降室內溫度，直接在室溫發酵；過低可以將熱水與麵團一起放置密閉空間。濕度調節可使用水槍進行噴水的動作，以表面不乾燥爲基準，切勿噴灑過多造成表面沾黏。

翻　麵	翻麵這個看似簡單的動作，其實對麵團接下來的狀態影響非常大，因爲這個動作包含了將麵團的二氧化碳排出，及提供氧氣，同時使麵團整體溫度較爲平均，厚度較一致，整顆麵團的發酵較均勻，也使得下一個階段的分割較爲輕鬆。 　　所以翻麵時需先瞭解當天麵團狀態，還有分割形狀，進而調整翻面的強度、形狀，較輕的翻麵發酵較快，較強的翻麵則較慢。 　　一般會翻麵的通常是法式麵包、歐式麵包，甜麵包幾乎不翻麵，是否有翻麵這個動作通常會在寫配方時就事先預想好，同一款麵團翻麵可以增強發酵力道（烤焙彈性），與前述優點；缺點則是咬感會變強，沒有那麼的柔軟，不翻麵則相反。這也是麵包難與有趣的其中一點，一直在取與捨之間，沒有何謂完美，只在於你想表現出的是什麼。
分　割	分割時會依據想追求的口感決定分割重量，並且會以最少的次數進行切割、保持麵團的完整。爲了達成這個目標，必須依稍後要整形的形狀進行分割，例如長棍必須裁切成長方形，以利成形時搓長。
滾　圓	分割後的麵團將補入麵團底部。滾圓時輕輕地進行排氣，這時要盡量減少搓揉次數，保持麵團的二氧化碳，使其保有彈性，並且選擇適合整形的形狀，進行搓揉。分割後的滾圓不是成形，只是讓麵團修復分割時所受的損傷，使其形狀一致，確保後續發酵均勻，也方便整形操作，過度的滾圓只會傷害麵團本身。
中間發酵	讓麵團好好休息，修復分割時的損傷，標準約在 25 分鐘左右，但是當搓揉過度或是麵筋過強時，時間需要延長，中間發酵一樣要防止麵團乾燥。
整　形	成型時需注意勿將麵團過度整形，避免麵筋斷裂，同時控制手粉用量，手粉使用過多會導致接合處不易接合、成品殘留麵粉等問題；手粉過少時易導致整形過程麵團過度沾黏而破皮，造成烤焙時膨脹性不佳等問題。
最後發酵	最後發酵需要注意溫度與濕度，麵團過乾過濕都會影響發酵的穩定性，也會影響最後割刀時的效果。落地烘烤的歐法類產品建議放置帆布進行最後發酵，帆布可以吸收多餘水分，方便烤焙前進行移動，同時還能增強麵團力道。（*如果沒有帆布可先拿適合的毛巾代替）
烤　焙	送入烤箱前要確保烤箱預熱好，蒸氣需要預熱的機器也確保先開啓。 　（*烤箱不帶蒸氣功能時，在預熱期間可先放置小鐵盆進行加熱，進爐 　　後噴水至小鐵盆內，即可製造蒸氣效果，同時保護烤箱）

⭐ 技法比一比

技法	優點	缺點
直接法	食材的風味表現最明顯，製作時間、發酵時間短，操作損耗較少，不佔發酵室空間。	麵團安定性差，不耐機械性，成品老化速度快，體積不佳。
冷藏法	長時間低溫發酵熟成，麵團延展性跟香味增強，成品較柔軟，時間管理較為彈性。	烤焙體積縮小，長時間發酵較占空間（冷藏室），組織較為粗糙。
中種法	適合用於工廠大量製作麵團，耐機械性、安定性佳，好操作，成品老化速度慢，烤焙體積較大·成品柔軟組織細緻。	酸味較直接法的產品強，製作時間長，操作損耗較高，占空間。
液種法	體積較大老化較慢，液種的製作與管理比中種簡單，只要溫度管理得當，甚至可以一次製作兩天份的量，一個液種可以使用於多種麵包，當成液態老麵或是一種風味液的概念。	對同類型產品而言風味較弱，占空間，成品較中種法遜色。
湯種	老化速度較慢，口感Q彈，耐機械性，組織柔軟。	烤焙彈性較差，湯種製作時終溫必須在 65℃ 以上，操作上有難度，條件嚴格下少量製作時頗具難度。

「準備麵包」麵種製作篇

麵種種類	製作指引	魯邦液種起種備註
法國老麵	取 P.47~48【No.7 法國麵包】基本發酵後之主麵團（要生的），放置 5℃冷藏保存，取出即可使用。	*使用的器具必須確實消毒過，再進行使用。 *發酵種較硬的時候，需要提高水溫調整軟硬度。 *最好每天續種。
液種	液種之配方作法可參考 P.35。	
裸麥湯種	裸麥湯種之配方作法可參考 P.65。	
湯種	湯種之配方作法可參考 P.95。	

魯邦液種的起種方式					
天數	時間	事項	材料	配方	作法
第一天	上午 8 點	製作元種	裸麥粉	500g	所有材料拌勻，妥善封起，在 27℃ 環境放置 24 小時發酵。
			麥芽精	10g	
			40℃ 溫水	600g	
第二天	上午 8 點	第一酵母	元種	550g	所有材料拌勻，妥善封起，在 27℃ 環境放置 24 小時發酵。
			法國麵粉	550g	
			40℃ 溫水	550g	
第三天	上午 8 點	第二酵母	第一酵母	550g	所有材料拌勻，妥善封起，在 27℃ 環境放置 24 小時發酵。
			法國麵粉	550g	
			40℃ 溫水	550g	
第四天	上午 8 點	最終酵母	第二酵母	1650g	所有材料拌勻，妥善封起，在 27℃ 環境放置 12 小時發酵。
			法國麵粉	1650g	
			40℃ 溫水	1650g	
	下午 8 點	完成			移至可進行前置作業的溫度，約 5~10℃ 備用。
第五天	上午 8 點	共 84 小時，完成「魯邦液種」開始使用。			
今後（第六天後）的續種比例與範本					
材料	百分比	公克範例	作法		
魯邦液種	1%	1000g	所有材料拌勻，妥善封起，在 30℃ 環境下進行發酵，靜置 4 小時（發酵期間每一小時進行一次攪拌），完成後妥善封起，冷藏 5~10℃，需要時再取用即可。		
法國麵粉	2%	2000g			
40℃ 溫水	2.5%	2500g			
麥芽精	法國麵粉的 0.2%	4g			

Part *4* 「實作麵包」
美味啟程篇

No.1 低溫長時間法國

此款法國麵包是我在日本麵包店上班時學習到的。第一次吃到它難掩驚訝,我甚至一度懷疑老闆是不是偷加糖進麵包裡,只因不曾吃過風味如此濃郁味道非常甜的法國,後來才知道其中的奧妙,美味的秘訣在於「低溫長時間」的操作手法,雖然製作時間較久,難度較高,但所帶出的風味卻很明顯,是一款很推薦嘗試製作的麵包。

自我分解

材料	百分比 (%)	配方 (g)
法國麵粉	100	500
水	70	350

主麵團（總重:861.5g / 可做 3 個）

材料	百分比 (%)	配方 (g)
自我分解麵團	170	850
鹽	2.1	10.5
低糖乾酵母	0.2	1

自我分解作法

1. 自我分解:攪拌缸加入法國麵粉、水,低速攪打 3 分鐘,將材料混勻。

2. 成團後放入容器內,取袋子妥善封起,5°C 冷藏 14~16 小時。

主麵團作法

3. 攪拌：攪拌缸加入自我分解麵團、低糖乾酵母，低速攪拌 2 分鐘。

4. 加入鹽低速 5 分鐘，轉中速再打 30 秒。

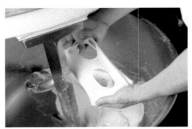

5. 麵團終溫 22℃，打至擴展狀態，搓破時帶微微鋸齒狀。

6. 基本發酵：送入發酵箱靜置 30 分鐘。

7. 此為發酵後麵團狀態。

8. 翻麵 1：桌面撒適量手粉，將麵團攤開，一端朝中心收折。

9. 取另一端朝中心收折。

10. 朝中心收折成方團。

11. 送入發酵箱靜置 90 分鐘。

12. 翻麵 2：桌面撒適量手粉，將麵團攤開，一端朝中心收折。

13. 取另一端朝中心收折。

14. 朝中心收折成方團。

15. 取袋子妥善封起，5°C 冷藏 12~14 小時。

16. 分割：回溫至中心 16°C，翻麵再鬆弛 20 分鐘。以切麵刀分割 220g，每塊長度約 30 公分。

17 最後發酵：輕輕放上鋪上帆布、撒粉的木板，送入發酵箱靜置 30 分鐘。

18. 裝飾、烤焙：一手抓住帆布，一手扶著移麵板。

19. 用巧勁將麵團輕輕翻上移麵板，準備烘烤。

20. 割三刀，送入預熱好的烤箱，以上火 260 / 下火 250°C，噴蒸氣，烤 18~20 分鐘。

No.2 肉桂葡萄法國

肉桂一直是我非常喜歡的一種香料，可惜的是這種香料接受度不高，世人對它評價兩極，苦惱之餘，想起以前在自家店學習時，有一款肉桂與葡萄搭配的吐司。於是以此作為延伸，利用低溫長時間法國自然的甜味去搭配肉桂的香氣，微帶葡萄乾的口感與風味，非常好的組合。

主麵團（總重：602g / 可做 3 個）		
材料	百分比 (%)	配方 (g)
低溫長時間法國麵團 → P.27~28	100	500

口味變化		
材料	百分比 (%)	配方 (g)
生核桃	8	40
葡萄乾	12	60
肉桂粉	0.4	2

作法

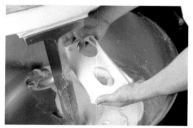

1. 備妥【No.1 低溫長時間法國】完成之麵團。

2. 攪拌：攪拌缸加入麵團、生核桃、葡萄乾、肉桂粉，拌至材料均勻散入麵團。

3. 基本發酵：送入發酵箱靜置 30 分鐘。

4. 翻麵1：桌面撒適量手粉，放上麵團。

5. 一端朝中心收折。

6. 取另一端朝中心收折。

7. 朝中心收折成方團，送入發酵箱靜置 90 分鐘。

8. 翻麵 2：參考作法 4~7 翻麵，收折成團狀，取袋子妥善封起，5°C 冷藏 12~14 小時。

9. 分割：回溫至麵團中心 16°C，分割 200g，滾圓。

10. 輕輕拍開麵團。

11. 由後往前。

12. 朝中心折起。

13. 再折一次收整為團狀。

14. 中間發酵：送入發酵箱靜置 30 分鐘。

15. 發酵後麵團會明顯變大。

16. 整形：手沾適量手粉，輕輕拍開。

17. 拍成如圖大小即可。

18. 麵團朝中心折起。

19. 迅速且確實的收折麵團。

20. 此時麵團還很粗,再將麵團一節一節收折。

21. 收整如圖。

22. 輕捏底部,正面沾裹小麥粉。

23. 最後發酵:送入發酵箱靜置 30 分鐘。

24. 裝飾、烤焙:發酵後如圖,將麵團移上烤盤,割一刀,割刀處撒上配方外二砂糖,送入預熱好的烤箱,以上火 260 / 下火 250°C,噴蒸氣,烤 18 分鐘。

No.3 液種法國麵包

製作法國麵包的方法有好幾種，其中的「液種法」是一種我相當喜歡的製作方式。
當初開始練習法國時，在直接法後，就是用這個製作方式去練習，它的風味雖然不是最
強烈，其穩定性卻非常好。個人認為去法國時使用 T 系列麵粉製作的液種法國風味最
為剛好，喜歡風味與口感都較為輕盈的人，不要錯過液種法製作的長棍啊。

液種		
材料	百分比 (%)	配方 (g)
T55 法國麵粉	46.2	231
新鮮酵母	0.03	0.15
水	50	250
細挽裸麥粉	3.8	19

主麵團（總重：857.15g / 可做 2 個）		
材料	百分比 (%)	配方 (g)
T55 法國麵粉	50	250
鹽	2	10
新鮮酵母	0.9	4.5
水	18	90
麥芽精	0.5	2.5
液種	100.03	500.15

起種作法

1. 起種：將液種材料拌勻，袋子妥善封起，於 18°C 環境中靜置 14~16 小時。

☺ Point：取用時，建議用主麵團的水作潤滑；先將配方水倒入液種中。

刮刀從邊緣將液種刮起，放入攪拌缸中。

技巧小筆記

※ 完成的液種其實是不需要加水的，加水有點類似「手粉」的概念，不加也可以拿，只是會非常非常黏，取出耗時甚久，加水有一個介質在，手不會直接碰到麵種，更好移動。

※ 加的水一定要是配方內的水，不可隨意取出使用，避免影響配方份量。

※ 圖中的水呈褐色是因為本配方恰巧有麥芽精，因麥芽精較稠，直接拌會不好攪開、攪勻，因此先將配方內的水與麥芽精混勻，攪拌起來事半功倍。

2. 攪拌：鋼盆加入 T55 法國麵粉、液種與麥芽精、水，低速 1 分鐘，下新鮮酵母低速 1 分鐘。

3. 下鹽低速 9 分鐘，轉中速 1 分鐘。

4. 麵團終溫 24°C，打至擴展狀態，搓破時帶微微鋸齒狀。

5. 基本發酵：送入發酵箱靜置 45 分鐘。

6. 靜置後如圖。

7. 翻麵：桌面撒適量手粉，將麵團攤開，兩端朝中心收折，再前後翻折。

8. 翻折成團，送入發酵箱靜置 45 分鐘。

9. 靜置後如圖。

10. 分割：切麵刀分割 350g，滾圓。

11. 輕輕拍開。

12. 由後往前。

13. 朝中心折起。

14. 成橢圓團狀。

15. 中間發酵：送入發酵箱靜置 25~30 分鐘。

16. 發酵後如圖。

17. 整形：輕輕拍開。

18. 由後往前，整片朝中心折起。

19. 前端的麵團也朝中心折起，輕壓接縫。

20. 輕輕拍扁。

21. 取一端局部折起，一節一節收折麵團。

22. 搓長約 60 公分。

23. 最後發酵：輕輕放上鋪上帆布、撒粉的木板，送入發酵箱靜置 60~80 分鐘。

24. 裝飾、烤焙：一手抓住帆布，一手扶著移麵板，用巧勁將麵團輕輕翻上移麵板，準備烘烤。

25. 割六刀，送入預熱好的烤箱，上火 250 / 下火 240°C，噴蒸氣，烤 22~24 分鐘。

No.4 液種法國葛瑞爾

這是一款非常經典的法式麵包，用味道乾淨的液種法國麵團，強調副材料葛瑞爾起司的風味，分割後直接扭轉麵團的整形方式，一方面是因爲造型，另一方面則是爲了使口感更加輕盈。

主麵團（總重：632.5g／可做 3 個）				口味變化		
材料	百分比 (%)	配方 (g)		材料	百分比 (%)	配方 (g)
液種法國麵包麵團 →P.35~36	100	550		葛瑞爾起司	15	82.5

作法

1. 攪拌：備妥【No.3 液種法國麵包】完成之麵團，與葛瑞爾起司一同拌勻。

2. 基本發酵：送入發酵箱靜置 45 分鐘。

3. 翻麵：桌面撒適量手粉，將麵團攤開，兩端朝中心收折，再前後翻折。

4. 翻折成團，送入發酵箱靜置 45 分鐘。

5. 分割、最後發酵：分割 200g，麵團沾粉扭轉。輕輕放上鋪上帆布、撒粉的木板，送入發酵箱靜置 30 分鐘。

6. 烤焙：一手抓住帆布，一手扶著移麵板，用巧勁將麵團輕輕翻上移麵板，放入烤盤準備烘烤，送入預熱好的烤箱，以上火 250／下火 240°C，噴蒸氣，烤 20~22 分鐘。

No.5 冷藏法法棍

如果使用的原料一致，我覺得冷藏法法國風味是這幾種製法中最濃郁的（不包含低溫長時間法國），食用上也是我最為喜歡的，只可惜這款老化速度較快，如果不進行回烤，口感上會差很多。真正了解冷藏法的美味應該是在東方文華時期，大家討論過後，主廚亨利實際操作讓我們試吃，讓大家能有最深刻的體驗，所以延伸出這個法國系列，希望大家也能多做多吃，找出自己最喜歡的風味與口感。

自我分解		
材料	百分比 (%)	配方 (g)
法國麵粉	100	500
水 (A)	70	350
麥芽精	0.4	2

主麵團（總重：928.5g / 可做 3 個）		
材料	百分比 (%)	配方 (g)
自我分解麵團	170.4	852
低糖乾酵母	0.2	1
岩鹽	2.1	10.5
魯邦液種 → P.24	8	40
水 (B)	5	25

自我分解作法

1. 自我分解：攪拌缸加入法國麵粉、水 (A)。

2. 加入麥芽精。

3. 低速攪打 3 分鐘，將材料混勻。

4. 成團後放入容器內，取袋子妥善封起，靜置 15~20 分鐘。

主麵團作法

5. 攪拌：攪拌缸加入自我分解麵團、低糖乾酵母、魯邦液種，低速攪打 1 分鐘。

6. 下岩鹽，低速 4 分鐘，轉中速攪打 1 分鐘。

7. 分 3~4 次加入水 (B) 拌勻成團。

8. 麵團終溫 22℃，打至擴展狀態，搓破時帶微微鋸齒狀。

9. 基本發酵、翻麵：靜置 30 分鐘，取出翻麵，再以袋子妥善封起，5℃ 冷藏 14~16 小時。

10. 分割：切麵刀分割 250g，滾圓。

☺ Point：分割注意不多次切割麵團，切井字方格即可。

11. 輕輕拍開。

12. 由後往前。

13. 朝中心折起。

14. 中間發酵：回溫至中心溫度 16℃。

15. 完成如圖。

16. 整形：輕輕拍開。

17. 翻面。

18. 取一端朝中心折起。

19. 取另一端朝中心折起，捏緊。

20. 以虎口輕壓接縫處。

21. 再移動到麵團邊緣，調整形狀。

22. 輕輕拍扁。

23. 取一端局部折起，一節一節收折麵團。

24. 搓長約 35 公分。

25. 最後發酵：表面朝下，輕輕放上鋪上帆布、撒粉的木板，送入發酵箱靜置 35~40 分鐘。

26. 完成如圖。一手抓住帆布，一手扶著移麵板，用巧勁將麵團輕輕翻上移麵板，準備送入烤盤烘烤。

27. 裝飾、烤焙：此時表面朝上，割一刀，送入預熱好的烤箱，以上火 250/下火 240°C，噴蒸氣，烤 20~21 分鐘。

No.6 核桃法國麵包

在風味較為濃郁的冷藏法法國麵團中,添加核桃進去,令其變得更加迷人,更有層次, 喜歡核桃的朋友們絕對不能錯過。

主麵團(總重:575g / 可做 2 個)		
材料	百分比 (%)	配方 (g)
冷藏法法棍麵團 →P.41~42	100	500

口味材料		
材料	百分比 (%)	配方 (g)
生核桃	15	75

作法

1. 攪拌:備妥【No.5 冷藏法法棍】完成之麵團,與生核桃一同拌勻。

2. 基本發酵、翻麵:靜置 30 分鐘,取出翻麵,再以袋子妥善封起,5℃ 冷藏 14~16 小時。

3. 分割:切麵刀分割 280g,收整為長橢圓形。

4. 中間發酵:回溫至中心溫度 16℃。

5. 整形、最後發酵:參考 P.43 整形為長棍,搓長約 35 公分,表面朝下,輕輕放上鋪上帆布、撒粉的木板,送入發酵箱靜置 35~40 分鐘。

6. 裝飾、烤焙:此時表面朝上,割菱格紋,兩邊各割 4 刀,送入預熱好的烤箱,以上火 250 / 下火 240℃,噴蒸氣,烤 20~21 分鐘。

No.7 法國麵包

直接法法國在這幾種製法中味道最乾淨，製程最短，也是最能吃出麵粉不同的製作方式。法國麵包大部分都會添加魯邦液種增加風味、延長老化時間，如果冰箱沒有太多空間冰麵種，或者喜歡口感較輕盈的人，都建議可以選擇先從直接法法國開始製作。

自我分解

材料	百分比 (%)	配方 (g)
法國麵粉	100	500
水	70	350
麥芽精	0.2	1

主麵團（總重：913g / 可做 2 個）

材料	百分比 (%)	配方 (g)
岩鹽	2	10
低糖乾酵母	0.4	2
魯邦液種 → P.24	10	50
自我分解麵團	170.2	851

自我分解作法

1. 自我分解：攪拌缸加入法國麵粉、水。

2. 加入麥芽精。

3. 低速攪打 3 分鐘，將材料混勻。

4. 成團後放入容器內，取袋子妥善封起，靜置 15~20 分鐘。

主麵團作法

5. 攪拌：攪拌缸加入自我分解麵團、魯邦液種、低糖乾酵母，低速 2 分鐘。

6. 下岩鹽，低速 4 分鐘，轉中速攪打 30 秒。

7. 麵團終溫 24°C，打至擴展狀態，搓破時帶微微鋸齒狀。

8. 基本發酵：送入發酵箱靜置 45 分鐘。

9. 桌面撒適量手粉，將麵團攤開，先將兩端朝中心收折。

10. 再前後翻折。

11. 翻麵：送入發酵箱靜置 45 分鐘。

12. 分割：切麵刀分割 350g。

13. 滾圓，輕輕拍開。

14. 由後往前朝中心折起。

15. 收折成橢圓團狀。

16. 中間發酵：送入發酵箱靜置 30 分鐘。

17. 完成如圖。

18. 整形：輕輕拍開。

19. 由後往前，整片朝中心折起。

20. 前端的麵團也朝中心折起，接點輕捏。

21. 指腹輕壓接縫。

22. 輕輕拍扁。

23. 取一端局部折起，一節一節收折麵團。

24. 搓長約 60 公分。

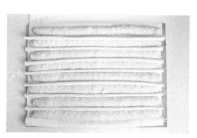

25. 最後發酵：輕輕放上鋪上帆布、撒粉的木板，送入發酵箱靜置 60~70 分鐘。

26. 完成如圖。

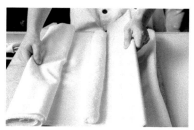

27. 一手抓住帆布，一手扶著移麵板，用巧勁將麵團輕輕翻上移麵板，準備烘烤。

28. 裝飾、烤焙：割六刀，送入預熱好的烤箱，以上火 250 / 下火 240°C，噴蒸氣，烤 22~24 分鐘。

No.8 雜糧麵包

將綜合穀物烤焙至微深色，使香氣更加充足，再拌入風味最乾淨的直接法法國麵包中，每一口都是穀物的香氣，早上回烤一下，揭開美妙早晨的序幕。

主麵團（總重：667.5g / 可做 8 個）

材料	百分比 (%)	配方 (g)
法國麵包材料 →P.47	100	500

口味材料

材料	百分比 (%)	配方 (g)
南瓜籽	4	20
葵花籽	2	10
亞麻籽	4	20
生白芝麻	2	10
生黑芝麻	2	10
杏仁粒	3	15
水	13	65
橘皮丁	3.5	17.5

1. **準備**：南瓜籽、葵花籽、亞麻籽、生白芝麻、生黑芝麻以上下火 160°C，烤 15~20 分鐘，出爐直接倒入口味材料配方的水中，放涼備用。

2. **攪拌**：攪拌缸加入自我分解麵團、魯邦液種、低糖乾酵母，低速 2 分鐘；下鹽低速 4 分鐘，轉中速打 30 秒；下有五種副材料的水拌勻；下杏仁粒、橘皮丁拌勻，拌至口味材料充分散入麵團內，麵團終溫 24°C，打至擴展狀態，搓破時帶微微鋸齒狀。

3. **基本發酵**：收整為圓團，送入發酵箱靜置 45 分鐘。（圖 1）

4. **翻麵**：桌面撒適量手粉，將麵團攤開，兩端朝中心收折，再前後翻折成團，送入發酵箱靜置 45 分鐘。

5. **分割**：切麵刀分割 80g，滾圓。（圖 2）

6. **中間發酵**：送入發酵箱靜置 30 分鐘。

7. **整形**：輕輕滾圓，底部捏緊沾水，再沾配方外生白、黑芝麻、南瓜籽、亞麻籽。（圖 3）

8. **最後發酵**：送入發酵箱靜置 60~70 分鐘。

9. **裝飾、烤焙**：剪十字，送入預熱好的烤箱，以上火 250 / 下火 240°C，噴蒸氣，烤 16 分鐘。（圖 4）

圖 1

圖 2

圖 3

圖 4

No.9 奶油軟法

在日本的期間逛了非常多麵包店，雖然口感上略有不同，不過基本上每家麵包店都會有這款產品。適合各個年齡層，甚至有些店將餡料進行變化，這樣產品就有 5 種以上的口味，簡單的讓客人有更多的選擇空間。

湯種

材料	百分比 (%)	配方 (g)
高筋麵粉	20	100
沸水	30	150

奶油煉奶餡（1 個 25g / 可做 16 個）

材料	百分比 (%)	配方 (g)
無鹽奶油	10	265
煉奶	5	132.5
鹽	0.1	2.7

主麵團（總重：975g / 可做 16 個）

材料	百分比 (%)	配方 (g)
法國麵粉	60	300
高筋麵粉	40	200
鹽	2	10
細砂糖	4	20
新鮮酵母	3.5	17.5
無糖優格	10	50
麥芽精	0.5	2.5
鮮奶	10	50
水	50	250
無鹽發酵奶油	5	25
湯種	10	50

湯種作法

奶油煉奶餡作法

1. 湯種：沸水沖入高筋麵粉，拌勻即可，終溫 65°C，冷卻後放置冷藏備用。

2. 奶油煉奶餡：用打蛋器將無鹽奶油打軟，加入煉奶與鹽打發，裝入擠花袋備用。

主麵團作法

3. 攪拌：攪拌缸加入法國麵粉、高筋麵粉、鹽、細砂糖、湯種、無鹽發酵奶油、鮮奶、無糖優格。

4. 加入混勻的麥芽精、水，低速攪拌 2 分鐘。

5. 下新鮮酵母低速攪打 2 分鐘，停止攪拌機，將黏在缸壁的材料刮下，再攪打 3 分鐘。

6. 轉中速 3 分鐘，麵團終溫 27℃，打至呈完全擴展狀態。

7. 基本發酵：送入發酵箱靜置 50 分鐘。

8. 完成如圖。

9. 分割：桌面撒適量手粉，麵團輕輕取出，切麵刀分割 60g。

☺ Point：分割注意不多次切割麵團，切井字方格即可。

10. 輕輕滾圓。

11. 中間發酵：送入發酵箱靜置 30 分鐘。

12. 完成如圖。

13. 整形：輕輕拍開，取一側麵團朝中心折起。

14. 取另一側麵團朝中心折起，輕輕拍開。

15. 取一端局部折起，一節一節收折麵團。

16. 搓長約 20 公分。

17. 最後發酵：輕輕放上鋪上帆布、撒粉的烤盤，送入發酵箱靜置 60~70 分鐘。

18. 裝飾、烤焙：割一刀，送入預熱好的烤箱，以上火 250 / 下火 220°C，噴蒸氣，烤 12~14 分鐘。

19. 出爐放涼，切開，擠上奶油煉奶餡。

No.10 軟法玉米起司

在日本期間也曾到北海道參觀小麥田，體驗當地食物，而當構思到用「玉米」當作靈魂的此款麵包時，腦海中第一個浮現北海道的玉米，其玉米的甜味令人印象深刻。
有別於使用法國麵團製作的變化款，使用奶油軟法麵團製作的變化款較容易入口，搭配北海道玉米的甜味，佐以包裹其中的起司，是一款接受度高，簡單又好吃的商品。

主麵團（總重：626.2g / 可做 6 個）

材料	百分比 (%)	配方 (g)
奶油軟法麵團 → P.53~54	100	500

裝飾

材料	配方 (g)
乳酪絲	適量

口味材料

材料	百分比 (%)	配方 (g)
玉米粒	25	125
黑胡椒粒	0.24	1.2

餡料（總重：126g / 可做 7 個）

材料	百分比 (%)	配方 (g)
起司丁	25.2	126

作法

1. 備妥【No.9 奶油軟法】完成之麵團。

2. 攪拌：攪拌缸加入麵團、玉米粒、黑胡椒粒。

3. 拌至材料均勻散入麵團。

4. 基本發酵：送入發酵箱靜置 50 分鐘。

5. 完成如圖。

6. 分割：桌面撒適量手粉，切麵刀分割 90g。

☺ Point：分割注意不多次切割麵團，切井字方格即可。

7. 手成爪虛抓麵團，輕輕滾圓。

8. 不可太過用力，讓麵團底部永遠維持在同一個面。

9. 慢慢的麵團會變成圓形。

10. 中間發酵：送入發酵箱靜置 30 分鐘。

11. 完成如圖。

12. 整形：輕輕拍開。

13. 包入 18g 起司丁。

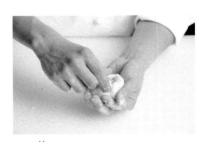

14. 收口。

15. 收口處捏緊。

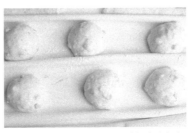

16. 最後發酵：輕輕放上鋪上帆布、撒粉的烤盤，送入發酵箱靜置 60~70 分鐘。

17. 裝飾：放上烤盤，剪一刀。

18. 再剪一刀，呈十字狀。

19. 稍微撥開。

20. 烤焙：鋪上乳酪絲，送入
預熱好的烤箱，以上火
250／下火220℃，噴蒸氣，
烤14~15分鐘。

No.11 巧巴達麵包

巧巴達麵包又稱「拖鞋麵包」，是義大利代表性麵包之一，其特色就是在麵團中添加橄欖油，使其帶有香味與增加斷口性，巧巴達的吃法非常多種，可以夾入各種喜歡的食材或者單吃，非常適合當作早餐或輕食午餐。

法國老麵

材料	百分比 (%)	配方 (g)
法國麵包主麵團 →P.47~48	-	50

主麵團（總重：978g / 可做 6 個）

材料	百分比 (%)	配方 (g)
法國麵粉	100	500
岩鹽	1.8	9
新鮮酵母	0.8	4
水（A）	65	325
水（B）	8	40
法國老麵	10	50
橄欖油	10	50

作法

1. 法國老麵：取法國麵包基本發酵後之主麵團（要生的），放置 5°C 冷藏保存，取出即可使用。

2. 攪拌：攪拌缸加入法國麵粉、岩鹽、法國老麵、水（A），低速 2 分鐘；下新鮮酵母低速 4 分鐘，轉中速 2 分鐘；將水（B）與橄欖油分 3~4 次加入打勻，麵團終溫 24°C，打至呈完全擴展狀態。

3. 基本發酵、翻麵：室溫靜置 50 分鐘；取出翻麵，將麵團朝中心折疊，再靜置 50 分鐘；用袋子包起，進 5°C 冷藏 14~16 小時。

4. 分割、整形：取出後置於室溫回溫 30 分鐘，分割 150g，沾適量高筋麵粉，補面朝下，輕輕放上鋪上帆布、撒粉的烤盤。

5. 最後發酵：表面戳洞，送入發酵箱靜置 40~50 分鐘。

6. 烤焙：送入預熱好的烤箱，以上火 260 / 下火 250°C，噴蒸氣，烤 18 分鐘。

No. 12 橄欖巧巴達麵包

原味的巧巴達非常美味，加入橄欖與油漬番茄乾後更是大大的提升了風味，如果懶得製作三明治又覺得原味過於單調時，此款巧巴達是最好的選擇。

主麵團（總重：1085.4g / 可做 6 個）		
材料	百分比 (%)	配方 (g)
巧巴達麵團 → P.61	100	948

口味材料		
材料	百分比 (%)	配方 (g)
黑橄欖	8	75.8
油漬番茄乾	6.5	61.6

作法

1. 攪拌：備妥【No.11 巧巴達麵包】完成之麵團，均勻拌入黑橄欖、油漬番茄乾。

2. 基本發酵、翻麵：室溫靜置 50 分鐘；取出翻麵，將麵團朝中心折疊，再靜置 50 分鐘；用袋子包起，進 5°C 冷藏 14~16 小時。

3. 分割、整形：取出後置於室溫回溫 30 分鐘，分割 180g。

4. 沾適量高筋麵粉，補面朝下，輕輕放上鋪上帆布、撒粉的烤盤。

5. 最後發酵：表面戳洞，送入發酵箱靜置 40~50 分鐘。

6. 烤焙：送入預熱好的烤箱，以上火 260 / 下火 250°C，噴蒸氣，烤 18 分鐘。

No.13 裸麥 50% 麵包

說到裸麥麵包，相信大家都會想到德國與此款麵包的酸氣，這次帶來的是在日本習得的款式，不像正統來的這麼酸，成品更容易入口，在國外這類麵包很少單獨吃，一般都會做成三明治，也非常建議搭配奶油或起司一起享用。

裸麥湯種

材料	百分比 (%)	配方 (g)
裸麥粉	50	250
沸水	52	260

主麵團（總重：1233.5g / 可做 4 個）

材料	百分比 (%)	配方 (g)
法國麵粉	50	250
水	26	130
鹽	2.2	11
新鮮酵母	0.5	2.5
法國老麵 → P.47~48	60	300
裸麥湯種	100	500
蜂蜜	8	40

法國老麵參考

1. 取部分【No.7 法國麵包】基本發酵後之麵團，作為本配方「法國老麵」使用。

裸麥湯種作法

2. 沸水沖入裸麥粉內拌勻，麵團終溫65℃，冷卻後以保鮮膜妥善封起，收入冷藏備用。

主麵團作法

3. 攪拌：攪拌缸加入法國麵粉、鹽、法國老麵、裸麥湯種、蜂蜜。

4. 加入水，低速 1 分鐘。

5. 下新鮮酵母，低速4分鐘，轉中速 2 分鐘。

6. 麵團終溫 24℃，打至呈擴展，搓破時帶微微鋸齒狀態。

7. 基本發酵：送入發酵箱靜置 120 分鐘。

8. 翻麵1：桌面撒適量手粉，將麵團攤開，一端朝中心收折。

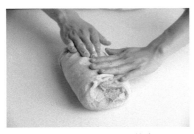

9. 取另一端朝中心收折。

10. 朝中心收折成方團。

11. 送入發酵箱靜置60分鐘。

12. 翻麵 2：再以相同手法翻麵，靜置 45 分鐘。

13. 分割：以切麵刀分割 250g，滾圓。

14. 輕輕拍開。

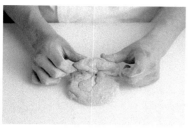

15. 由後往前，整片朝中心折起。

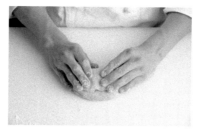

16. 前端的麵團也朝中心折起。

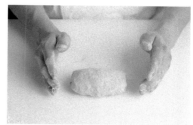

17. 收整成團。

18. 中間發酵：送入發酵箱靜置 30~40 分鐘。

19. 整形：輕輕拍開。

20. 由後往前，整片朝中心折起。

21. 前端的麵團也朝中心折起，輕壓接縫。

22. 輕輕拍扁。

23. 一節一節收折麵團。

24. 沾上適量裸麥粉。

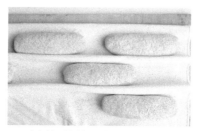

25. 最後發酵：輕輕放上鋪上帆布、撒粉的木板，送入發酵箱靜置 40~50 分鐘。

26. 裝飾、烤焙：割十刀，送入預熱好的烤箱，以上火 230 / 下火 220°C，噴蒸氣，烤 24~26 分鐘。

No.14 水果裸麥

剛開始嘗試吃裸麥麵包的人，不妨以此款麵包作開始吧！
這款麵包絕對不會有被裸麥酸氣嚇到的問題，用裸麥麵團的香氣與酸氣搭配酸甜果乾，
佐以香醇的奶油乳酪，賦予麵包豐富俏皮的層次感，
與其擔心嚇到，不如擔心自己會不會被她迷住吧～

主麵團（總重：1572.5g / 可做 7 個）

材料	百分比 (%)	配方 (g)
裸麥 50% 麵包麵團 →P.65~66	242.5	1212.5

餡料

材料	每個	共 8 個使用
奶油乳酪	70g	560g

口味材料

材料	百分比 (%)	配方 (g)
葡萄乾	30	150
蔓越莓	12	60
生核桃	20	100
柳橙絲	10	50

作法

1. 攪拌：攪拌缸加入【No.13 裸麥 50% 麵包】打至擴展狀態，搓破時帶微微鋸齒狀之麵團，均勻拌入所有口味材料，麵團終溫 24°C。

2. 基本發酵：送入發酵箱靜置 120 分鐘。

3. 完成如圖。

4. 翻麵1：桌面撒適量手粉，將麵團放上桌面。

5. 兩端朝中心收折。

6. 再前後翻折。

7. 收整成團，送入發酵箱靜置 60 分鐘。

8. 翻麵 2：再以相同手法翻麵，靜置 45 分鐘。

9. 分割：以切麵刀分割 200g，滾圓。

10. 輕輕拍開。

11. 由後往前。

12. 朝中心折起。

13. 前端的麵團也朝中心折起，收整成團。

14. 中間發酵：送入發酵箱靜置 30~40 分鐘。

15. 整形：輕輕拍開。

16. 由後往前，整片朝中心折起。

17. 前端的麵團也朝中心折起，輕壓接縫。

18. 如圖。

19. 放上 70g 奶油乳酪。

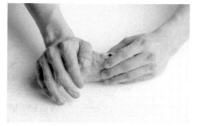

20. 取一端局部折起，確實折完一條麵團。

21. 如圖。

22. 沾上適量裸麥粉。

23. 如圖。

24. 最後發酵：輕輕放上鋪上帆布、撒粉的木板，送入發酵箱靜置 40~50 分鐘。

25. 裝飾、烤焙：割一刀，送入預熱好的烤箱，以上火 230 / 下火 220°C，噴蒸氣，烤 24~26 分鐘。

$\overset{\text{No.}}{15}$ 裸麥 100% 麵包

100% 的裸麥麵包在目前亞洲的麵包店是比較少見的,因為那強烈的酸氣與口感,是大部分人接受不了的,有些餐廳會使用此類型麵包製作三明治,酸味能促進唾液分泌,同時還能與一些食材取得完美平衡。

主麵團（總重：1260g / 可做 1 個）

材料	百分比 (%)	配方 (g)
細挽裸麥粉	100	500
岩鹽	1.8	9
70℃ 水	100	500
法國老麵 → P.24	50	250
新鮮酵母	0.2	1

作法

1. 攪拌：攪拌缸加入細挽裸麥粉、岩鹽、70℃ 水,低速 2 分鐘成團,下法國老麵、新鮮酵母。

2. 低速攪打 2 分鐘,轉中速 2~3 分鐘,麵團終溫 45℃。**基本發酵**：室溫 60 分鐘。

☺ **Point**：蓋上袋子,在攪拌缸內基發即可,因為這個麵團太黏了,不建議取出。

3. 分割、整形：切麵刀分割 800g,圓藤籃鋪上帆布,撒粉,放入麵團。

4. 順時針晃幾圈,晃到麵團大致與圓藤籃契合。

5. 最後發酵：送入發酵箱靜置 20~30 分鐘。

6. 倒出藤籃再發 20 分鐘。

烤焙：送入預熱上火 260 / 下火 240℃ 的烤箱,麵團進爐後降至上火 240 / 下火 230℃,噴蒸氣,烤 50~60 分鐘。

No. 16 鄉村麵包

鄉村麵包是一款比裸麥麵包接受度更高的歐式類產品，配方會使用一部分的全麥粉，也有些會搭配裸麥粉增強風味，酸度上不會比裸麥酸，直接食用也沒問題，不過還是搭配其他食材或奶油、起司，更加美味。

自我分解

材料	百分比 (%)	配方 (g)
全麥粉	40	200
細挽裸麥粉	10	50
法國麵粉	50	250
水	70	350

主麵團（總重：1135.5g / 可做 2 個）

材料	百分比 (%)	配方 (g)
岩鹽	2.1	10.5
蜂蜜	3	15
新鮮酵母	2	10
法國老麵 → P.24	45	225
自我分解麵團	170	850
魯邦液種 → P.24	5	25

自我分解作法

1. 自我分解：攪拌缸加入全麥粉、細挽裸麥粉、法國麵粉、水。

2. 低速攪拌 3 分鐘，攪拌至材料均勻混合成團。

3. 此時的麵筋尚未形成，狀態還很粗糙，蓋上袋子室溫靜置 15~20 分鐘。

作法

4. 攪拌：攪拌缸加入岩鹽、蜂蜜、法國老麵、自我分解麵團、魯邦液種，低速2分鐘。

5. 下新鮮酵母低速攪打3分鐘，轉中速2~3分鐘，麵團終溫24℃，打至擴展狀態，搓破時帶微微鋸齒狀。

6. 基本發酵：送入發酵箱靜置30分鐘。

7. 發酵後如圖。

8. 翻麵：桌面撒適量手粉，將麵團攤開，一端朝中心收折。

9. 取另一端朝中心收折。

10. 朝中心前後收折成方團。

11. 基本發酵：送入發酵箱靜置30分鐘。

12. 發酵後如圖。

13. 分割：切麵刀分割400g，滾圓。

14. 輕輕拍開。

15. 由後往前。

16. 朝中心折起成橢圓團狀。

17. 中間發酵：送入發酵箱靜置 20 分鐘。

18. 整形：在長藤籃（發酵容器）內撒上手粉。

19. 輕輕拍開麵團。

20. 由後往前收折。

21. 再由前往後收折。

22. 輕壓收折接口。

23. 正面形狀如圖。

24. 最後發酵：捏著收折處放入長藤籃（發酵容器），送入發酵箱靜置 30~40 分鐘。

25. 發酵後如圖。

26. 因為事前有撒粉，此時輕輕倒扣容器，麵團就會掉出來。

27. 裝飾、烤焙：割一刀，送入預熱好的烤箱，以上火 240／下火 230℃，噴蒸氣，烤 15 分鐘；再降溫至上火 230／下火 220℃，再烤 10 分鐘。

No.17 鄉村無花果麵包

在酸味適中的鄉村麵團內加入無花果乾，從而在香味和風味上取得極佳的平衡，
特殊的整形方式，讓這款麵包的成品無比誘人。

主麵團 （總重：595g / 可做 2 個）		
材料	百分比 (%)	配方 (g)
鄉村麵包麵團 →P.75~76	100	500

口味材料		
材料	百分比 (%)	配方 (g)
無花果乾	10	50
杏仁粒	6	30
蜂蜜	3	15

作法

1. 攪拌：攪拌缸加入打至呈擴展狀態的【No.16 鄉村麵包】麵團，均勻拌入所有口味材料，麵團終溫 24°C。

2. 基本發酵、翻麵：靜置 30 分鐘後準備翻麵，桌面撒適量手粉，將麵團攤開，兩端朝中心收折，收整成團狀，再靜置 30 分鐘。

3. 分割、中間發酵：切麵刀分割 250g，滾圓，送入發酵箱靜置 20~25 分鐘。

4. 整形：輕輕拍開麵團，雙手收整如圖。

5. 最後發酵：面朝下送入發酵箱靜置 30~40 分鐘。

6. 烤焙：倒扣，送入預熱好的烤箱，以上火 240 / 下火 230°C，噴蒸氣，烤 18 分鐘。

No. 18 原味可頌

原味可頌一直是我最喜歡的裏油類產品，色香味俱全，單吃或製成三明治都非常適合。
在日本時，大部分是烤色較深、帶有較重焦香味的可頌居多；而在法國時大部分是烤色
較淺，凸顯奶油香氣的可頌居多。

可頌麵團（總重：990.5g）

材料	百分比 (%)	配方 (g)
T55 法國麵粉	85	425
高筋麵粉	15	75
新鮮酵母	4.3	21.5
細砂糖	14	70
岩鹽	1.8	9
脫脂奶粉	5	25
全蛋	5	25
水	45	225
法國老麵 → P.24	18	90
無鹽發酵奶油	5	25

包油比例（總重：1230g / 可做 13 個）

材料	百分比 (%)	配方 (g)
可頌麵團	100	980
無鹽發酵奶油	25.5	250

裝飾

材料	配方 (g)
全蛋液	適量

作法

1. 攪拌：攪拌扛加入 T55 法
國麵粉、高筋麵粉、細砂
糖、岩鹽、脫脂奶粉、全
蛋、水、法國老麵、無鹽
發酵奶油，低速 2 分鐘。

2. 下新鮮酵母低速 5 分鐘，
轉中速攪打 2 分鐘。

3. 麵團終溫 24°C，打至成
完全擴展狀態，薄膜破口
呈光滑狀。

4. 基本發酵：室溫靜置 50 分鐘。

5. 擀平冷凍：擀麵棍按壓中心。

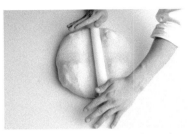

6. 再按壓一次，成十字壓痕。

7. 將麵團擀開。

8. 用袋子妥善包覆，冷凍 12~16 小時。

9. 包入奶油：將奶油片軟化至此圖之程度。

10. 麵團擀壓至奶油片的兩倍大後，將奶油放置麵團中間，兩端折疊處稍微用擀麵棍按壓，使麵團變薄。

11. 取一側將奶油包起。

12. 取另一側將奶油包起。

13. 中心妥善包覆。

14. 將兩側多餘麵團切斷，這樣做可以避免層次不均。

15. 將多餘麵團放置中心，稍微擀開。

16. 用擀麵棍從對角線輕壓麵團，刻度調至 18mm 先擀壓一半麵團固定奶油，再轉向壓至 6mm。

17. 四折一次：準備開始四折，一側取部分折回（手指處已折回）。

18. 擀麵棍按壓中心。

19. 從按壓處折起。

20. 用擀麵棍在麵團對角線輕壓，用以定位（上圖）。

21. 壓延至 15mm，以袋子妥善包起，冷凍鬆弛 1 小時，完成四折一次。

22. 四折二次：再擀壓至 5mm，參考作法 17~21 四折第二次。

23. 分割：將麵團擀壓至 3.5mm，裁寬 9 公分，長 25 公分，重約 80g。

24. 整形：捲起成牛角。

25. 最後發酵：擦全蛋液，送入發酵箱靜置 80~90 分鐘。

26. 發好如圖。

27. 裝飾、烤焙：擦全蛋液，送入預熱好的烤箱，以上火 200 / 下火 160°C，烘烤 16 分鐘，烤盤調頭再烤 1 分鐘。

No.19 香水檸檬可頌

靈感源自諾曼第可頌，製作時會撒上一層糖和奶油在麵團中，成品雖香氣悠遠，試吃時卻發現口感有些油膩，爲了改進這個缺點，特別加入香味極佳的香水檸檬，從而誕生「香水檸檬可頌 2.0」！食用時帶有淡淡的檸檬氣息，輕盈迷人，爲您呈上最終版，完美誘人的香水檸檬可頌，Enjoy ♥

包油比例（總重：1230g / 可做 20 個）

材料	百分比 (%)	配方 (g)
可頌麵團	100	980
無鹽發酵奶油	25.5	250

裝飾

材料	配方 (g)
全蛋液	適量
檸檬皮屑	適量

檸檬砂糖

材料	配方 (g)
檸檬皮屑	2.5g（約 1 顆）
細砂糖	120
無鹽發酵奶油	100

檸檬糖水

材料	配方 (g)
細砂糖	200
水	100
檸檬汁	100

作法

1. 備妥：取 P.81~83 完成四折兩次的可頌麵團。

2. 分割：將麵團擀壓至 3mm，裁寬 6 公分，長 11 公分，重約 55g。

3. 整形：麵團表面割刀。

4. 先放上 5g 無鹽發酵奶油（長約 6 公分），再放 5g 搓勻的檸檬皮 + 細砂糖，捲起。

5. 最後發酵：擦全蛋液，送入發酵箱靜置 70~80 分鐘。

6. 裝飾、烤焙：擦全蛋液，送入預熱好的烤箱，以上火 220 / 下火 160°C，烘烤 7 分鐘，降溫至上火 210 / 下火 160°C，再烤 4 分鐘，出爐刷檸檬糖水、撒檸檬皮屑。

No.20 田園可頌

像這種餡料豐富又帶著酥脆外皮的產品，是大部分麵包店都會製作的熱銷款。
金黃酥脆的外觀，搭配滿滿的餡料，收錄這款麵包令我想起在日本學藝時，曾注意到當
地麵包店的調理麵包較少，店家一般會製作成三明治或丹麥（可頌）詮釋；手上一邊動
作，往事浮現心中，想著想著，不禁會心一笑。

包油比例（總重：1230g / 可做 17 個）

材料	百分比 (%)	配方 (g)
可頌麵團	100	980
無鹽發酵奶油	25.5	250

裝飾（每個）

材料	配方 (g)
起司粉	少許
乳酪絲	5g
全蛋液	少許

洋蔥燻雞餡（總重：860g / 可做 14 個）

材料	配方 (g)
高筋麵粉	40
無鹽奶油	35
鮮奶	250
洋蔥碎	180
燻雞塊	150
蘑菇片	100
秋葵丁	100
黑胡椒粒	5

作法

1. 洋蔥燻雞餡：燻雞塊、洋蔥碎、蘑菇片爆炒備用；無鹽奶油煮融，加入高筋麵粉拌勻，再分次加入鮮奶煮至濃稠，與黑胡椒、炒料、秋葵丁拌勻，放涼備用。

2. 備妥：取 P.81~83 完成四折兩次的可頌麵團，將麵團擀壓至厚度 3mm，進行裁切。

3. 分割：切長 12 公分，寬 8.5 公分，重量約 75g。

4. 整形：表面刷上全蛋液，放上 60g 洋蔥燻雞餡。

5. 最後發酵：撒上乳酪絲、起司粉，送入發酵箱靜置 60~70 分鐘。

6. 烤焙：以上火 220 / 下火 160℃，烘烤 7 分鐘；再降溫至上火 210 / 下火 160℃，烘烤 7 分鐘。

No.21 巧克力可頌

大部分的店家都會選擇使用現成的巧克力棒進行此款麵包的製作，有了便利性，卻缺少特殊性。自製的過程雖然麻煩，入口後卻能讓人記憶深刻，搭配一點整形技巧，特殊的雙色造型能瞬間吸引目光。

包油比例（白加黑：1563g／可做 18 個）

材料	百分比 (%)	配方 (g)
可頌麵團	100	980
無鹽發酵奶油	25.5	250

內餡（總重：495g）

材料	配方 (g)
可可巴瑞脆片	150
巧克力豆	300
橘皮絲	45

巧克力麵團（配合 1230g 丹麥麵團）

材料	百分比 (%)	配方 (g)
可頌麵團	100	300
可可粉	2.5	7.5
巧克力豆	2.5	7.5
鮮奶	6	18

- **內餡作法**：巧克力豆隔水加熱融化，加入可可巴瑞脆片與橘皮絲拌勻，倒入淺盤放置冰箱冷卻，凝固後切成長 8.5 公分，重約 12g 的巧克力棒備用。

作法

※ 將 P.81 可頌麵團配方百分比改乘 6.5，麵團總重為 1287.65g，扣掉作法 2 用來打巧克力的 300g 餘 987g。

1. 備妥 P.81 打好的可頌麵團，麵團終溫 24℃。

2. 攪拌：鮮奶跟巧克力煮溶，加入可可粉拌勻，放涼備用；將巧克力麵團材料一同打勻，麵團終溫 24℃。

3. 基本發酵：原味麵團室溫靜置 50 分鐘。

4. 巧克力麵團室溫靜置 50 分鐘。

5. 擀平冷凍：擀麵棍按壓中心。

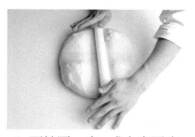

6. 再按壓一次，成十字壓痕。

7. 將麵團擀開。

8. 用袋子妥善包覆，冷凍 12~16 小時。

9. 擀麵棍從中心。

10. 朝外擀開。

11. 擀成片狀。

12. 用袋子妥善包覆，冷凍 12~16 小時。

13. 包入奶油：將奶油片軟化 至此圖之程度。

14. 麵團擀壓至奶油片的兩倍 大後，將奶油放置麵團中 間，兩端折疊處稍微用擀 麵棍按壓，使麵團變薄。

15. 取一側將奶油包起。

16. 取另一側將奶油包起。

17. 中心妥善包覆。

18. 將兩側多餘麵團切斷，這 樣做可以避免層次不均。

19. 將多餘麵團放置中心，稍 微擀開。

20. 用擀麵棍從對角線輕壓麵 團，刻度調至 18mm 先擀 壓一半麵團固定奶油，再 轉向壓至 6mm。

21. 四折一次：準備開始四 折，一側取部分折回（手 指處已折回）。

22. 擀麵棍按壓中心。

23. 從按壓處折起。

24. 用擀麵棍在麵團對角線輕壓，用以定位（上圖）。

25. 壓延至 15mm，以袋子妥善包起，冷凍鬆弛 1 小時，完成四折一次。

26. 四折二次：再擀壓至 5mm，參考作法 21~25 四折第二次。再將巧克力麵團擀至一樣大小，冷凍鬆弛 1 小時後噴水，蓋上巧克力麵團，兩個麵團一起擀壓至 3mm。

27. 完成如圖，將四邊多餘麵團修飾。

28. 分割：切長 8.5 公分，寬 16 公分，重約 80g。

29. 表面均等割刀。

30. 整形：放入一支巧克力棒（內餡）。

31. 捲起。

32. 最後發酵：刷配方外全蛋液，送入發酵箱靜置 80~90 分鐘。

33. 裝飾、烤焙：刷配方外全蛋液，送入預熱好的烤箱，以上火 200 / 下火 160°C，烘烤 16 分鐘，烤盤調頭再烤 1 分鐘。

No. 22 橙子可芬

這款產品是以「可頌的麵團」＋「瑪芬的造型」結合命名，是一款非常有創意的產品。
最近越來越流行烤焙後注入內餡的方式，將單一的產品輕鬆變化多種口味，便利的同時
又因內餡新鮮注入，有效保持內餡的鮮度與口感。

包油比例（總重：1230g / 可做 20 個）

材料	百分比 (%)	配方 (g)
可頌麵團	100	980
無鹽發酵奶油	25.5	250

蛋白霜（配方單位：公克）

材料	配方 (g)
細砂糖	200
水	70
蛋白	120

糖漬橙片（配方單位：公克）

材料	配方 (g)
細砂糖	150
水	100
新鮮柳橙	2 顆

柳橙格斯餡（總重：350g / 可做 11 個）

材料	配方 (g)
全蛋	50
動物性鮮奶油	50
柳橙汁	50
玉米粉	30
低筋麵粉	30
無鹽奶油	20
細砂糖	30
打發動物性鮮奶油	90

作法

1. 備妥、分割：取 P.81~83 完成四折兩次的可頌麵團，將麵團擀壓至 3mm，捲起，切長 6 公分，重約 60g。

2. 最後發酵：放入杯子發酵，杯底直徑 6 公分，高 5.5 公分。送入發酵箱靜置 70~80 分鐘。

3. 烤焙：發酵後如圖，以上火 220 / 下火 160°C，烘烤 7 分鐘；再降溫至上火 210 / 下火 160°C，烘烤 8 分鐘。

4. 糖漬橙片：新鮮柳橙洗淨切片，熱水燙過快速殺青；再放入煮溶的細砂糖水，以保鮮盒蓋住，浸泡 12 小時以上，隔天將橙片取出，低溫烘乾即可。

5. 柳橙格斯餡：全蛋、玉米粉、低筋麵粉、細砂糖混合備用；將動物性鮮奶油與柳橙汁煮滾，沖入粉類拌勻，再次煮滾後加入無鹽奶油拌勻，放涼備用。使用前與打發鮮奶油拌勻，每個約擠入 30g。

6. 蛋白霜：細砂糖與水煮至 106~116°C，沖入打發蛋白內，一同打至堅挺即可。頂端抹適量，用噴槍烤至上色，最後放上糖漬橙片妝點，完成。

No.23 脆皮湯種吐司

「脆皮湯種吐司」來頭可不小，它是當初藍瓶咖啡到日本展店時，對各家麵包店進行盲測所挑選出來的，作出這款吐司的正是我當時所任職的麵包店，運用大量湯種製作出特殊口感的吐司，非常推薦大家嘗試。

自我分解（總重：745g）

材料	百分比 (%)	配方 (g)
高筋麵粉	85	425
鮮奶	20	100
水	41	205
細砂糖	3	15

湯種

材料	百分比 (%)	配方 (g)
高筋麵粉	15	75
沸水	22.5	112.5

主麵團（總重：1002.5g / 可做 2 個）

材料	百分比 (%)	配方 (g)
魯邦液種 → P.24	5	25
湯種	37.5	187.5
鹽	2	10
新鮮酵母	2	10
無鹽發酵奶油	5	25
自我分解麵團	149	745

作法

1. 湯種：沸水沖入高筋麵粉內，拌勻即可，終溫 65℃，冷卻後放置冷藏備用。

2. 自我分解麵團：攪拌缸加入高筋麵粉、細砂糖、水、鮮奶。

3. 低速 3 分鐘攪拌成團，用袋子蓋住，靜置 15~20 分鐘。

4. 攪拌：攪拌缸加入自我分解麵團、魯邦液種、鹽、湯種，低速 2 分鐘。

5. 下新鮮酵母，低速 3 分鐘，轉中速攪打 4 分鐘。

6. 下無鹽發酵奶油，低速 2 分鐘，轉中速攪打 2 分鐘。

7. 麵團終溫 26℃，打至完全擴展狀態，薄膜破口呈光滑狀。

8. 基本發酵：送入發酵箱靜置 60 分鐘。

9. 完成如圖。

10. 翻麵：桌面撒適量手粉，將麵團攤開，一端朝中心收折。

11. 取另一端朝中心收折。

12. 朝中心收折成方團。

13. 送入發酵箱靜置 60 分鐘。

14. 完成如圖。

15. 分割：以切麵刀分割 240g。

16. 輕輕滾圓。

17. 中間發酵：送入發酵箱靜置 30 分鐘。

18. 整形：輕輕拍開。

19. 麵團朝中心收整。

20. 用靠近小指的掌心側邊輕輕滾圓。

21. 如上圖。

22. 使用【SN2052】450g 的模具，2 個一組，放入吐司模內。

23. 最後發酵：送入發酵箱靜置 120~150 分鐘。

24. 烤焙、裝飾：表面割兩刀，送入預熱好的烤箱，以上火 150 / 下火 230℃，不帶烤盤烤，烘烤 32~34 分鐘。

No. 24 中種法吐司

中種法吐司一直是很多吐司愛好者的口袋商品，儘管中種法的製作時間不比直接法快，其製成的成品卻更為柔軟、細膩。我是在日本學習到標準的中種法操作方式，但其實這是美國先研發出來的作法，後面才透過交流推廣到世界。

中種麵團（總重：800.8g）

材料	百分比 (%)	配方 (g)
高筋麵粉	70	490
水	42	294
新鮮酵母	2.4	16.8

主麵團（總重：1302.7g / 可做 1 個）

材料	百分比 (%)	配方 (g)
高筋麵粉	30	210
細砂糖	6.5	45.5
岩鹽	2	14
脫脂奶粉	2	14
水	26	182
無鹽發酵奶油	5	35
新鮮酵母	0.2	1.4
中種麵團	全量中種	800.8

作法

1. 中種麵團：攪拌缸加入高筋麵粉、水，低速 1 分鐘。

2. 下新鮮酵母低速 2 分，轉中速攪打 1 分鐘。

3. 麵團終溫 24℃，移至鋼盆，用保鮮膜妥善蓋起，靜置發酵 4 小時。

4. 發完如圖。

5. 用手撥開麵團呈蜂巢狀，即可使用。

6. 攪拌：攪拌缸加入高筋麵粉、細砂糖、岩鹽、脫脂奶粉、水、中種麵團，低速 2 分鐘。

7. 下新鮮酵母，低速 3 分鐘，轉中速攪打 5 分鐘。

8. 下無鹽發酵奶油，低速 3 分鐘，轉中速攪打 3 分鐘。

9. 麵團終溫 27°C，打至完全擴展狀態，薄膜破口呈光滑狀。

10. 基本發酵：送入發酵箱靜置 25 分鐘。

11. 發完如圖。

12. 分割：以切麵刀分割 200g，輕輕滾圓。

13. 中間發酵：送入發酵箱靜置 30 分鐘。

14. 發完如圖。

15. 可以明顯看到麵團變大。

16. 整形：取擀麵棍，輕輕擀
開麵團。

17. 收整成團。

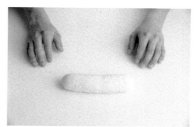

18. 收整爲長條狀。

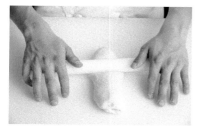

19. 轉向擀開。

20. 擀長。

21. 用相同手法收整成團。

22. 收整形狀如圖，再取【
SN2004】1200g 的模具，
6 個一組，放入吐司模內。

23. 最後發酵：送入發酵箱靜
置 50~60 分鐘。

24. 烤焙：蓋上吐司蓋，送入
預熱好的烤箱，以上下火
230°C，烤 36~38 分鐘。

No.25 洋蔥吐司

運用中種法吐司去延伸製作的洋蔥吐司，柔軟的麵團中包入火腿片與起司，表面使用洋蔥絲與芥末籽醬進行調味，是款非常適合當作早餐或補充體力的商品。

主麵團（可做 1 個）

材料	配方 (g)
中種法吐司麵團 → P.99~100	220

裝飾

材料	配方 (g)
橄欖油	適量
新鮮巴西利葉碎	適量

餡料與其他

材料	配方 (g)
火腿片	2 片
起司片	1 片
乳酪丁	50
沙拉醬	15
芥末籽醬	適量
紫洋蔥絲	40
乳酪絲	25

作法

1. 備妥【No.24 中種法吐司】基本發酵完成之麵團，分割 220g，滾圓，中間發酵 30 分鐘。

2. 整形：輕輕擀開麵團，鋪上鋪火腿片，起司片 1 切 2 斜襬，鋪乳酪丁，捲起。

3. 刀子 1 切 3，切面朝上。

4. 最後發酵：放入【SN2151】吐司模中，送入發酵箱靜置 50 分鐘。

5. 裝飾：抹芥末籽醬，擠沙拉醬。

6. 烤焙：鋪紫洋蔥絲、乳酪絲，送入預熱好的烤箱，以上火 180 / 下火 230°C，烤 23~25 分鐘。出爐後刷橄欖油，撒新鮮巴西利葉碎。

No.26 鮮奶吐司

鮮奶吐司運用了大量的乳製品，使其更爲綿密，同時也讓麵團的奶味更爲明顯，跟中種法吐司不太一樣，中種法吐司鬆軟又帶有發酵風味。

主麵團（總重：1102.5g / 可做 2 個）

材料	百分比 (%)	配方 (g)
高筋麵粉	100	500
煉奶	10	50
全蛋	10	50
動物性鮮奶油	20	100
鮮奶	42	210
法國老麵 → P.24	15	75

材料	百分比 (%)	配方 (g)
岩鹽	2	10
新鮮酵母	3.5	17.5
無鹽發酵奶油	10	50
水	8	40

作法

1. 攪拌：攪拌缸加入高筋麵粉、煉奶、全蛋、動物性鮮奶油、鮮奶、岩鹽、水、法國老麵，低速 2 分鐘。

2. 下新鮮酵母，低速 3 分鐘，轉中速攪打 3 分鐘。

3. 下無鹽發酵奶油低速 3 分鐘，轉中速攪打 2 分鐘。

4. 麵團終溫 26°C，打至完全擴展狀態，薄膜破口呈光滑狀。

5. 基本發酵：送入發酵箱靜置 30 分鐘。

6. 完成如圖。

7. 翻麵：桌面撒適量手粉，將麵團攤開，一端朝中心收折。

8. 取另一端朝中心收折。

9. 朝中心前後收折成方團。

10. 送入發酵箱靜置 40 分鐘。

11. 完成如圖。

12. 分割：切麵刀分割 160g。

13. 輕輕滾圓。

14. 中間發酵：送入發酵箱靜置 30 分鐘。

15. 完成如圖。

16. 整形：取擀麵棍擀開。

17. 輕輕擀開即可。

18. 收整成團。

19. 麵團會越收越大。

20. 完成如圖。

21. 轉向擀開。

22. 擀長片。

23. 收整成團。

24. 完成如圖。

25. 最後發酵：放入【SN2052】
450g 吐司模內，送入發酵
箱靜置 60~70 分鐘。

26. 發酵完成如圖。

27. 裝飾、烤焙：表面刷上配
方外鮮奶，送入預熱好的
烤箱，以上火 150 / 下火
230°C，烘烤 26~28 分鐘。

No.27 芋頭鮮奶吐司

運用鮮奶吐司的麵團搭配芋頭餡、薏仁，吐司的奶香味結合芋頭香，同時還咬得到一點點薏仁，增加口感與飽足感。

主麵團（可做 1 個）	
材料	配方 (g)
鮮奶吐司麵團 →P.105~106	400g （200g*2）

裝飾	
材料	配方 (g)
鮮奶	少許

口味材料	
材料	配方 (g)
芋頭餡	100
煮熟薏仁	40

作法

1. 備妥【No.26 鮮奶吐司】翻麵完成之麵團。

2. 分割：切麵刀分割 200g。

3. 輕輕滾圓。

4. 中間發酵：送入發酵箱靜置 30 分鐘。

5. 完成如圖。

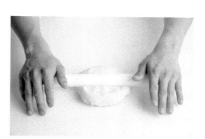

6. 整形：輕輕擀開麵團。

7. 擀成長片。

8. 一片抹上芋頭餡。

9. 鋪上煮熟薏仁。

10. 完成如圖。

11. 蓋上另一片麵團。

12. 四邊包覆收好。

13. 稍微擀開。

14. 取切麵刀切三刀。

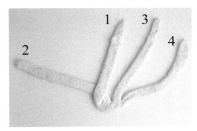
15. 編辮口訣是 1 上 2。

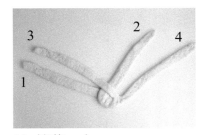
16. 接著 3 上 2。

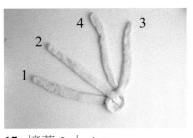
17. 接著 3 上 4。

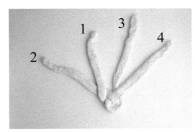
18. 重覆口訣 1 上 2。

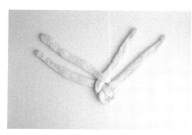

19. 重覆口訣 3 上 2→3 上 4。

20. 重覆口訣完成編辮，捲起。

21. 如圖。

22. 放入【SN2050】450g 四方模內。

23. 最後發酵：送入發酵箱靜置 50~60 分鐘。

24. 裝飾、烤焙：表面刷上鮮奶，送入預熱好的烤箱，以上火 150 / 下火 230°C，烘烤 28~30 分鐘。

No.28 花生糖日式菠蘿

此款麵包是以經典的日式菠蘿麵包作爲參考，一般是表面沾細砂糖或是香草糖，好吃，但卻有些單調，這次加入風味較重，大家普遍也喜歡的花生糖進去，喜歡香菜的朋友也可嘗試添加一點進去，味道的層次與外觀都會更加提升。

日式菓子麵團（總重：1015g／可做20個）

材料	百分比 (%)	配方 (g)
高筋麵粉	100	500
細砂糖	10	50
岩鹽	1	5
脫脂奶粉	3	15
煉奶	9	45
全蛋	10	50
新鮮酵母	4	20
水	54	270
無鹽發酵奶油	12	60

花生糖日式菠蘿各項比例

材料	配方 (g)
日式菓子麵團	50
日式菠蘿皮	20
花生糖	適量

日式菠蘿皮（總重：415g／可做20個）

材料	配方 (g)
無鹽發酵奶油	60
細砂糖	110
全蛋	45
低筋麵粉	200

作法

1. 日式菠蘿皮：無鹽發酵奶油、細砂糖拌勻，分次加入全蛋，拌至蛋液完全吸收後，加入低筋麵粉拌勻，每個分割 20g。

2. 花生糖：將現成花生糖打碎備用。

3. 攪拌：攪拌缸加入高筋麵粉、細砂糖、岩鹽、脫脂奶粉、煉奶、全蛋、水，低速 1 分鐘。

4. 下新鮮酵母，低速 4 分鐘，轉中速攪打 5 分鐘。

5. 下無鹽發酵奶油，低速 3 分鐘，轉中速攪打 2 分鐘。

6. 麵團終溫 26℃，打至完全擴展，破口呈光滑狀。

7. 基本發酵：送入發酵箱靜置 50 分鐘。

8. 完成如圖。

9. 分割：切麵刀分割 50g。

☺ Point：分割注意不多次切割麵團，切井字方格即可。

10. 輕輕滾圓。

11. 如圖。

12. 中間發酵：送入發酵箱靜置 25 分鐘。

13. 完成如圖。

14. **整形**：將麵團重新滾圓。

15. 蓋上日式菠蘿皮。

16. 用手掌妥善包覆。

17. 如圖。

18. 麵團底部如圖。

19. 捏著麵團底部，沾花生糖。

20. 沾裹一圈。

21. 如圖。

22. 取切麵刀壓五刀。

23. 壓出貝殼狀紋路。

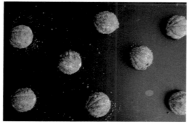

24. **最後發酵**：送入發酵箱靜置 60~70 分鐘。

25. **烤焙**：送入預熱好的烤箱，以上火 215 / 下火 160°C，烘烤 12~13 分鐘。

No.29 巧克力榛果

直接將自製卡士達擠在麵包體上，可以讓食用者看見巧克力卡士達與榛果表現出的價值感，同時搭配珍珠糖，增加口感與華麗感。

巧克力榛果各項比例（可做 1 個）

材料	配方 (g)
日式菓子麵團 → P.113~114	50
巧克力卡士達	40
杏仁碎	適量
榛果	適量
金箔	適量

裝飾

材料	配方 (g)
全蛋液、珍珠糖、榛果	適量

巧克力卡士達（總重：435g / 可做 10 個）

材料	配方 (g)
鮮奶	200
細砂糖	36
低筋麵粉	17
蛋黃	40
無鹽發酵奶油	16
62% 巧克力鈕扣	126

作法

1. 巧克力卡士達：蛋黃、細砂糖微打發，加入過篩低筋麵粉拌勻；鮮奶煮滾後沖入麵糊再次煮滾，關火，拌入無鹽發酵奶油、62% 巧克力鈕扣，拌勻後倒入鐵盤冷卻，放置冰箱保存。

2. 備妥【No.28 花生糖日式菠蘿】完成中間發酵的麵團，重新滾圓，底部捏緊。

3. 整形：取擀麵棍擀開。

4. 最後發酵：送入發酵箱靜置 60~70 分鐘。

5. 裝飾：表面刷全蛋液，撒珍珠糖。

6. 烤焙：擠 40g 巧克力卡士達，送入預熱好的烤箱，以上火 215 / 下火 160°C，烘烤 10~11 分鐘。出爐裝飾。

ⁿ⁰ 30 維也納

維也納麵包是一款非常具代表性的產品,源自於奧地利,此款麵包在國外是非常常見的產品,口感可說介於甜麵包與軟法之間,是亞洲人較可以接受的口感,不過有些人直接吃會覺得過於單調,可以搭配內餡增加豐富度。

維也納麵團(總重:965g / 可做 16 個)

材料	百分比 (%)	配方 (g)
T55 法國麵粉	90	450
高筋麵粉	10	50
鮮奶	46	230
全蛋	10	50
岩鹽	2	10
新鮮酵母	5	25
細砂糖	10	50
無鹽發酵奶油	20	100

北海道煉奶餡

材料	百分比 (%)	配方 (g)
無鹽發酵奶油	100	200
北海道煉奶	50	100
岩鹽	2	4

裝飾

材料	配方 (g)
全蛋液	適量

作法

1. 北海道煉奶餡:將無鹽發酵奶油打軟, 加入北海道煉奶、岩鹽,一起打發。

2. 攪拌：攪拌缸加入 T55 法國麵粉、高筋麵粉、岩鹽、細砂糖、全蛋。

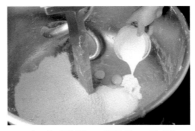

3. 加入鮮奶，低速 1 分鐘。

4. 下新鮮酵母，低速 3 分鐘。

5. 下無鹽發酵奶油，低速 1 分鐘，中速攪打 6 分鐘。

6. 麵團終溫 26℃，打至完全擴展，破口呈光滑狀。

7. 基本發酵：送入發酵箱靜置 60 分鐘。

8. 完成如圖。

9. 分割：切麵刀分割 60g，滾圓。

10. 中間發酵：送入發酵箱靜置 30 分鐘。

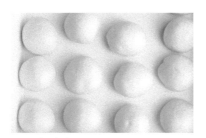

11. 完成如圖。

12. 整形：輕輕拍開。

13. 由上往下折起，折成條狀。

14. 一節一節收折麵團。

15. 完成如圖。

16. 表面割 8 刀。

17. 最後發酵：輕輕放上鋪上帆布、撒粉的木板，送入發酵箱靜置 80~90 分鐘。

18. 完成如圖。

19. 裝飾、烤焙：表面刷全蛋液，送入預熱好的烤箱，以上火 210 / 下火 180℃，烘烤 12~14 分鐘。出爐切開擠餡料。

No. 31 抹茶紅豆

大部分維也納的變化款是製作成巧克力口味的，這次選擇在日本非常經典的組合，用抹茶的香氣搭配甜度適中的蜜紅豆，恰到好處的甜度與口感，男女老少都會喜歡。

抹茶紅豆（總重：1097g / 可做 18 個）

材料	配方 (g)
維也納麵團 → P.119~120	965
抹茶粉	8
水	4
蜜紅豆粒	120

裝飾

材料	配方 (g)
全蛋液	適量
蜜紅豆粒	適量
北海道煉奶餡 → P.119	適量

作法

1. 北海道煉奶餡：參考 P.119 北海道煉奶餡配方作法。

2. 攪拌：備妥【No.30 維也納】打至完全擴展的麵團。

3. 均勻拌入抹茶粉、水、蜜紅豆粒，麵團終溫 26°C。

4. 基本發酵：送入發酵箱靜置 60 分鐘。

5. 完成如圖。

6. 分割：切麵刀分割 60g。

☺ **Point**：分割注意不多次切割麵團，切井字方格即可。

7. 輕輕滾圓。

8. 中間發酵：送入發酵箱靜置 30 分鐘。

9. 完成如圖。

10. 整形：輕輕拍開。

11. 取一端折起。

12. 取另一端折起。

13. 取一端局部折起，一節一節確實折完一條麵團。

14. 完成如圖。

15. 表面用刀子割開。

16. 共割 8 刀。

17. 最後發酵：輕輕放上鋪上帆布、撒粉的木板，送入發酵箱靜置 80~90 分鐘。

18. 完成如圖。

19. 裝飾、烤焙：表面刷全蛋液，送入預熱好的烤箱，以上火 210 / 下火 180°C，烘烤 12~14 分鐘。出爐切開擠餡料、裝飾。

No. *32* 皇冠布里歐

布里歐麵團可延伸的產品非常的多，這款皇冠就是經典之一，代代傳成的美麗造型，很適合野餐聚會時與好朋友一起分享。

布里歐麵團（總重：1246.5g / 可做 4 個）		
材料	百分比 (%)	配方 (g)
高筋麵粉	100	500
細砂糖	16	80
岩鹽	1.8	9
新鮮酵母	3.5	17.5
蛋黃	20	100
全蛋	10	50
鮮奶	30	150
水	13	65
法國老麵 → P.24	15	75
無鹽發酵奶油	40	200

裝飾	
材料	配方 (g)
全蛋液	適量
珍珠糖	適量

作法

1. 攪拌：攪拌缸加入高筋麵粉、岩鹽、蛋黃、全蛋、法國老麵、鮮奶、水。

2. 可以將全蛋與水、鮮奶放在一起加入，低速 1 分鐘。

3. 下新鮮酵母低速 2 分鐘，轉中速攪打 1 分鐘；下細砂糖低速 3 分鐘，轉中速攪打 3 分鐘。

4. 下無鹽發酵奶油，低速 5 分鐘，轉中速攪打 30 秒。

5. 麵團終溫 24℃，打至完全擴展，破口呈光滑狀。

6. 基本發酵：送入發酵箱靜置 60 分鐘。

7. 完成如圖。

8. 分割、中間發酵：切麵刀分割 250g，用袋子妥善包覆，5℃ 冷藏 14~16 小時。

9. 整形：回溫至中心 14℃，輕輕擀開。

10. 擀成片狀。

11. 在中心戳洞。

12. 從中心將麵團往外翻。

13. 往外翻。

14. 邊翻邊收整麵團。

15. 慢慢收整完成。

16. 完成如圖。

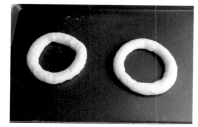

17. 最後發酵：送入發酵箱靜
置 80~100 分鐘。

18. 完成如圖。

19. 裝飾：表面刷上全蛋液。

20. 用剪刀剪一圈。

21. 如圖。

22. 撒上珍珠糖。

23. 烤焙：表面刷全蛋液，送
入預熱好的烤箱，以上火
160 / 下火 150°C，烘烤
23~25 分鐘。

No. 33 伯爵布里歐

運用伯爵茶的香氣搭配奶油,同時添加蘋果與卡士達增加豐富性,最上面脆脆的馬卡龍外皮則與麵團跟內餡形成有趣的口感對比,由於不希望過於甜膩,所以添加酸酸的養樂多餡,是一款極具層次的產品。

伯爵布里歐麵團(總重:510g/可做10個)

材料	百分比 (%)	配方 (g)
布里歐麵團 →P.127~128	100	500
伯爵紅茶粉	1	5
水	1	5

伯爵蘋果各項比例 (可做 1 個)

材料	配方 (g)
伯爵布里歐麵團	50
蘋果餡	15
馬卡龍皮	15
卡士達餡	15
養樂多醬	10

馬卡龍皮 (總重:310g)

材料	配方 (g)
蛋白	100
糖粉	100
杏仁粉	110

養樂多餡 (總重:147g)

材料	配方 (g)
鮮奶	100
細砂糖	17
玉米粉	5
無鹽奶油	15
檸檬汁	10

卡士達餡 (總重:1515g)

材料	配方 (g)
鮮奶	1000
細砂糖	180
低筋麵粉	85
蛋黃	200
新鮮香草莢	0.5 支
無鹽奶油	50

蘋果餡 (總重:300g)

材料	配方 (g)
蘋果	250
細砂糖	30
無鹽奶油	20

作法

1. **蘋果餡**：蘋果洗淨，去皮切丁；鍋子加入蘋果丁、細砂糖、無鹽奶油一起炒軟。

2. **卡士達餡**：新鮮香草莢剖開取籽；將蛋黃與細砂糖微打發，拌入過篩低筋麵粉，拌匀，沖入一起煮沸的鮮奶與香草莢籽，再次煮至沸騰後關火，拌入無鹽奶油，倒入鐵盤放置冰箱備用。

3. **馬卡龍皮**：蛋白、過篩糖粉拌匀，加入過篩杏仁粉拌匀，裝入擠花袋備用。

4. **養樂多餡**：鮮奶、細砂糖、過篩玉米粉拌匀，煮至濃稠關火，加入無鹽奶油拌匀，加入檸檬汁拌匀。

5. 備妥【No.32 皇冠布里歐】打至完全擴展，破口呈光滑狀麵團。

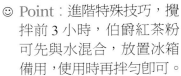

6. **攪拌**：布里歐麵團、伯爵紅茶粉、水一同拌匀。
☺ Point：進階特殊技巧，攪拌前 3 小時，伯爵紅茶粉可先與水混合，放置冰箱備用，使用時再拌匀即可。

7. **基本發酵**：送入發酵箱靜置 60 分鐘。

8. 完成如圖。

9. **分割、中間發酵**：切麵刀分割 50g，用袋子妥善包覆，5°C 冷藏 14~16 小時。

10. **整形**：回溫至中心 14°C，輕輕拍開。

11. 包入 15g 蘋果餡。

12. 收口。

13. 收口處捏緊。

14. 放入紙杯中,紙杯直徑6.5 公分,高 3 公分。

15. **最後發酵**:送入發酵箱靜 置 80~100 分鐘。

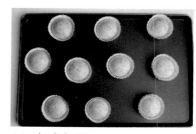

16. 完成如圖。

17. **裝飾**:灌入卡士達餡,每 個灌 15g。

18. 要戳入麵團中灌餡。

19. 完成如圖。

20. 延著卡士達餡周圍擠上馬 卡龍皮。

21. 一圈一圈擠。

22. 完成如圖。

23. **烤焙**:撒上配方外糖粉, 送入預熱好的烤箱,以上 火 220 / 下火 180°C,烘烤 12~13 分鐘。

24. 靜置放涼,表面擠養樂多 餡。

25. 以配方外開心果碎、玫瑰 花瓣裝飾。

No. 34 奶油埃及布里歐

布里歐是一款非常經典的麵團，運用大量奶油與雞蛋做出有如蛋糕般的口感，帶著迷人的奶油香，簡單的搭配，卻令人不由自主的被深深吸引。

主麵團		
材料	百分比 (%)	配方 (g)
布里歐麵團 → P.127~128	100	900

裝飾	
材料	配方 (g)
細砂糖	適量
無鹽發酵奶油	適量

作法

1. 取基本發酵完成的【No.32 皇冠布里歐】麵團，分割 90g 滾圓，用袋子妥善包覆，5℃冷藏 14~16 小時。

2. 整形：回溫至中心 14℃，重新滾圓，底部捏緊。

3. 輕輕拍開。

4. 再以擀麵棍擀開。

5. 間距相等排上不沾烤盤。

6. 裝飾：刷上無鹽發酵奶油。

7. 撒細砂糖。

8. 最後發酵：送入發酵箱靜置 80~100 分鐘。

9. 裝飾、烤焙：表面戳洞，送入預熱好的烤箱，以上火 220 / 下火 160℃，烘烤 9~10 分鐘。

No. 35 多拿滋

在日本習得製作「多拿滋」的技術，但個人比較喜歡 Q 一點的口感，所以對這個產品進行了調整，讓麵團變得較不吸油，是款大人小孩都會喜歡的產品。

多拿滋麵團（總重 1001.5g / 可做 20 個）

材料	百分比 (%)	配方 (g)
高筋麵粉	100	500
細砂糖	12	60
岩鹽	1.8	9
奶粉	2	10
全蛋	15	75
鮮奶	15	75
水	27	135
法國老麵 → P.24	15	75
新鮮酵母	2.5	12.5
無鹽奶油	10	50

裝飾

材料	配方 (g)
肉桂糖	適量
細砂糖	適量

作法

1. 攪拌：攪拌缸加入高筋麵粉、細砂糖、岩鹽、奶粉、全蛋、鮮奶、水、法國老麵。

2. 材料全蛋、鮮奶、水、法國老麵可一起加入，低速攪打 1 分鐘。

3. 下新鮮酵母，低速 3 分鐘，轉中速攪打 4 分鐘。

4. 下無鹽奶油，低速 3 分鐘，轉中速攪打 2 分鐘。

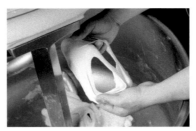

5. 麵團終溫 27°C，打至完全擴展狀態，破口光滑。

6. 基本發酵：送入發酵箱靜置 60 分鐘。

7. 完成如圖。

8. 分割：切麵刀分割 50g。

☺ Point：分割注意不多次切割麵團，切井字方格即可。

9. 如圖。

10. 輕輕滾圓。

11. 如圖。

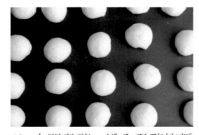

12. 中間發酵：送入發酵箱靜置 30 分鐘。

13. 完成如圖。

14. 整形：輕輕擀開。

15. 擀成長片。

16. 朝內收整成長條。

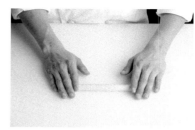

17. 如圖。

18. 取長條頭尾。

19. 頭尾相連，整形成圓圈狀。

20. 妥善處理接合處。

21. 如圖。

22. 最後發酵：送入發酵箱靜置 50~60 分鐘，再移至室溫 10~15 分鐘使表面乾燥。

23. 完成如圖。

24. 熟製：鍋子加入適量沙拉油，以油鍋 160℃ 炸約 4~5 分鐘。

25. 炸至單面上色，翻面，炸至兩面上色熟成。

26. 裝飾：分別沾裹細砂糖、肉桂糖，完成。

No. 36 蔬菜咖哩

蔬菜的甜味與咖哩本來就非常搭,這次特別運用杏鮑菇代替肉品,以其特殊的口感代替肉類,吃完也不會覺得空虛。

蔬菜咖哩各項比例(可做 1 個)

材料	配方 (g)
多拿滋麵團 → P.137~138	50
蔬菜咖哩餡	35

裝飾

材料	配方 (g)
蛋白液	適量
麵包糠	適量
沙拉醬	適量
新鮮巴西利葉	適量

蔬菜咖哩餡(總重:1275g / 可做 36 個)

材料	配方 (g)
紅蘿蔔丁	180
金針菇段	200
洋蔥碎	200
馬鈴薯丁	200
玉米粒	125
咖哩粉	10
無鹽奶油	50
咖哩塊	90
水	220

作法

1. 蔬菜咖哩餡:馬鈴薯、紅蘿蔔預先煮熟。無鹽奶油與洋蔥碎拌炒,下咖哩粉拌勻,加入所有材料炒勻,放涼備用。

2. 整形:備妥【No.35 多拿滋】中間發酵完成之麵團,包入 35g 蔬菜咖哩餡。

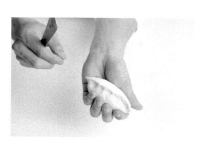

3. 仔細捏合收口,包成橄欖形。

4. 整顆刷上蛋白液,表面沾裹麵包糠。

5. 最後發酵:送入發酵箱靜置 50~60 分鐘,再移至室溫 10~15 分鐘使表面乾燥。

6. 熟製、裝飾:鍋子加入適量沙拉油,以油鍋 160℃ 炸約 4~5 分鐘,炸熟瀝乾,裝飾完成。

No. 37 北海道鮮奶棒

此款麵包是從非常傳統的義大利麵包棒延伸而來，不過度攪拌，用延壓輔助生成麵筋，使成品保有良好的斷口性，條狀的造型適合沾著各種果醬一起食用，非常適合野餐。

主麵團（總重：988g）

材料	百分比 (%)	配方 (g)	材料	百分比 (%)	配方 (g)
高筋麵粉	85	425	蛋黃	5	25
低筋麵粉	15	75	鮮奶	40	200
新鮮酵母	3.5	17.5	動物性鮮奶油	5	25
細砂糖	12	60	香草醬	0.5	2.5
北海道煉奶	10	50	無鹽發酵奶油	20	100
岩鹽	1.6	8			

作法

1. 攪拌：攪拌缸加入高筋麵粉、低筋麵粉、細砂糖、岩鹽。

2. 加入北海道煉奶、香草醬、蛋黃、鮮奶、動物性鮮奶油。

3. 液體材料可以一起加入，低速 1 分鐘。

4. 下新鮮酵母，低速 2 分鐘。

5. 下無鹽發酵奶油低速 3 分鐘，轉中速攪打 3 分鐘。

6. 麵團終溫 24℃，打至擴展狀態，搓破時帶微微鋸齒狀。

7. 基本發酵：送入發酵箱靜置 30 分鐘。

8. 完成如圖。

9. 壓延冷藏：用擀麵棍壓平。

10. 如圖。

11. 以袋子妥善包覆，冷藏 1 小時。

12. 壓至 6mm，取一側朝中心收起。

13. 取另一側朝中心收起。

14. 完成三折一次，壓延至 6mm。

15. 取一側朝中心收起。

16. 取另一側朝中心收起,完成三折第二次。

17. 用袋子妥善包覆,再冷藏14~16 小時。

18. 隔夜完成如圖,表面撒適量高筋麵粉,參考上述作法三折一次,冷藏1小時,延壓至 3.5mm。

19. 分割:切去多餘邊緣,切長 15 公分,寬 1.5 公分。

20. 均等裁切。

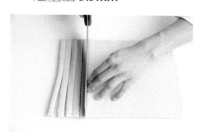 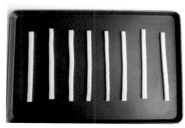 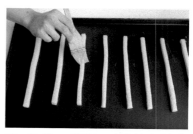

21. 每個都裁一樣尺寸。

22. 最後發酵:送入發酵箱靜置 50~60 分鐘。

23. 裝飾、烤焙:刷配方外全蛋液,送入預熱好的烤箱,以上火 210 / 下火 160°C,烘烤 10~12 分鐘。

No. 38 北海道黑人

以【No.37 北海道鮮奶棒】麵團良好的斷口性延伸而來，搭配巧克力酥菠蘿形成有趣的口感，為了避免太乾，再將中間切開，擠入北海道煉奶開心果餡，做出多變豐富的味覺與口感，是女生會喜歡的一款產品。

北海道黑人各項比例（可做 1 個）

材料	配方 (g)
北海道鮮奶棒麵團 → P.143~145	長 12、寬 4.5 公分
巧克力酥菠蘿	適量
北海道煉奶開心果餡	25

巧克力酥菠蘿（總重：250g）

材料	配方 (g)
可可粉	10
無鹽奶油	55
細砂糖	100
低筋麵粉	85

裝飾

材料	配方 (g)
全蛋液	適量
北海道煉奶開心果餡	25
糖粉	適量

北海道煉奶開心果餡（總重：177g/可做7個）

材料	配方 (g)
無鹽發酵奶油	100
北海道煉奶	50
岩鹽	2
開心果餡	25

作法

1. **巧克力酥菠蘿：**
   注意粉類不預先過篩，將所有材料一同搓勻。

   北海道煉奶開心果餡：
   無鹽發酵奶油、北海道煉奶、岩鹽一同打發，加入開心果餡拌勻。

2. **分割：**備妥【No.37 北海道鮮奶棒】完成壓延冷藏之麵團，分割長 12、寬 4.5 公分。

3. 表面塗全蛋液。

4. 撒巧克力酥菠蘿。

5. **最後發酵：**送入發酵箱靜置 50~60 分鐘。

6. **烤焙、裝飾：**送入預熱好的烤箱，以上火 210/下火 160℃，烘烤 11~13 分鐘，出爐切開擠餡，撒糖粉裝飾。

No. 39 芝麻白軟包

白軟包在以前的日本可以說是非常流行，特殊的潔白的外觀非常吸引人，這次運用黑芝麻與白軟包的色差形成視覺效果，搭配芝麻本身的香氣，入口齒頰留香，非常吸引人。

白軟包麵團（總重：976.5g / 可做 12 個）

材料	百分比 (%)	配方 (g)
高筋麵粉	100	500
岩鹽	1.8	9
新鮮酵母	3.5	17.5
水	50	250
全蛋	8	40
鮮奶	20	100
無鹽發酵奶油	12	60

口味材料

材料	百分比 (%)	配方 (g)
芝麻粒	25	120

芝麻餡（總重：701g / 可做 20 個）

材料	配方 (g)
無鹽奶油	180
糖粉	40
熟芝麻粉	180
鹽	1
卡士達餡 → P.131	200
熟核桃	100

作法

1. 攪拌：攪拌缸加入高筋麵粉、岩鹽、水、全蛋、鮮奶，低速 2 分鐘。

2. 下新鮮酵母低速 3 分鐘，轉中速攪打 3 分鐘。

3. 下無鹽發酵奶油低速 3 分鐘，轉中速攪打 2 分鐘。下芝麻粒，拌勻即可。

4. 基本發酵：麵團終溫 26℃，打至完全擴展狀態，破口光滑，送入發酵箱靜置 60 分鐘。

5. 分割：切麵刀分割 80g。

☺ Point：分割注意不多次切割麵團，切井字方格即可。

6. 輕輕滾圓。

7. 完成如圖。

8. 中間發酵：送入發酵箱靜置 30 分鐘。

9. 完成如圖。

10. 整形：輕輕拍扁。

11. 將無鹽奶油與鹽、事先過篩的糖粉拌勻，再依序拌入卡士達餡、熟芝麻粉、熟核桃，完成芝麻餡，每個麵團包入 35g。

12. 妥善收口。

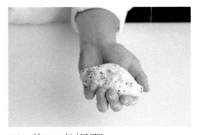

13. 收口處捏緊。

14. 整形成橄欖形。

15. 沾裹配方外玉米粉。

16. 完成如圖。

17. 最後發酵：送入發酵箱靜置 60~70 分鐘。

18. 裝飾：表面割一刀。

19. 裝飾、烤焙：送入預熱好的烤箱，以上火 150 / 下火 180℃，噴蒸氣，烘烤 12~14 分鐘。

No. 40 黑豆餐包

同樣是利用色差形成視覺效果，不過選擇的卻是日本傳統的蜜漬黑豆，雖然是非常簡單的搭配，卻最能感受到濃濃日本味。

主麵團（可做 2 個）	
材料	配方 (g)
白軟包麵團 → P.149~150	100
蜜漬黑豆	18

裝飾	
材料	配方 (g)
玉米粉	適量

作法

1. 攪拌、基本發酵：攪拌時取 100g 麵團，下芝麻粒時改下蜜漬黑豆，參考【No.39 芝麻白軟包】數據，備妥完成基本發酵之麵團。

2. 分割：切麵刀分割 60g，滾圓。

3. 中間發酵：送入發酵箱靜置 30 分鐘。

4. 整形：重新滾圓，底部捏緊，沾裹適量玉米粉。

5. 最後發酵：送入發酵箱靜置 60~70 分鐘。

6. 烤焙：送入預熱好的烤箱，以上火 150 / 下火 180℃，噴蒸氣，烘烤 10~12 分鐘。

No.41 起司薄餅

用湯種脆皮吐司麵團延伸一款簡單又久吃不膩的產品，起司與風味單純的麵團一直都是非常吸引人的搭配，大量湯種使麵團口感 Q 彈保濕，成品不會過度硬脆，非常適合當做點心，或小酌時刻的搭配。

主麵團（可做 1 個）	
材料	配方 (g)
脆皮湯種吐司麵團 → P.95~96	100
乳酪丁	30

裝飾	
材料	配方 (g)
帕瑪森起司粉	適量

作法

1. 翻麵：備妥【No.23 脆皮湯種吐司】翻麵完成之麵團。

2. 分割、中間發酵：以切麵刀分割 100g，滾圓，送入發酵箱靜置 30 分鐘。

3. 整形：輕輕拍開。

4. 包入 30g 乳酪丁，收口。

5. 底部捏緊。

6. 擀麵棍輕輕擀開。

7. 最後發酵：送入發酵箱靜置 30~40 分鐘。

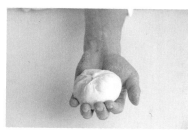

8. 完成如圖。

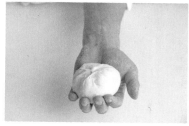

9. 裝飾、烤焙：送入預熱好的烤箱，表面噴水，撒帕瑪森起司粉，以上火 220 / 下火 180°C，烘烤 11~12 分。

155

Baking 20

暢銷人氣麵包

國家圖書館出版品預行編目 (CIP) 資料

暢銷人氣麵包 / 胡富雄著 . -- 一版 . -- 新北市：優品
文化事業有限公司 , 2023.05 160 面；19x26 公分 . --
(Baking ; 20)

ISBN 978-986-5481-43-8 (平裝)

1.CST: 點心食譜 2.CST: 麵包

427.16   112005653

作　　者	胡富雄
總 編 輯	薛永年
美術總監	馬慧琪
文字編輯	蔡欣容
攝　　影	洪肇廷
拍攝助理	余皓軒、胡富元、陳俊廷、張丹雅
出 版 者	優品文化事業有限公司
	電話：(02)8521-2523
	傳真：(02)8521-6206
	Email：8521service@gmail.com
	（如有任何疑問請聯絡此信箱洽詢）
	網站：www.8521book.com.tw
印　　刷	鴻嘉彩藝印刷股份有限公司
業務副總	林啟瑞 0988-558-575
總 經 銷	大和書報圖書股份有限公司
	新北市新莊區五工五路 2 號
	電話：(02)8990-2588
	傳真：(02)2299-7900
網路書店	www.books.com.tw 博客來網路書店
出版日期	2023 年 5 月
版　　次	一版一刷
定　　價	380 元

上優好書網　　LINE　　Facebook　　YouTube
　　　　　　　官方帳號　　粉絲專頁　　頻道

暢銷人氣麵包　　# 讀 者 回 函

♥ 為了以更好的面貌再次與您相遇，期盼您說出真實的想法，給我們寶貴意見 ♥

姓名：	性別：□男 □女	年齡：　　　歲
聯絡電話：（日）　　　　　　　　　　　（夜）		
Email：		
通訊地址：□□□-□□		
學歷：□國中以下 □高中 □專科 □大學 □研究所 □研究所以上		
職稱：□學生 □家庭主婦 □職員 □中高階主管 □經營者 □其他：		

● **購買本書的原因是？**
　□興趣使然 □工作需求 □排版設計很棒 □主題吸引 □喜歡作者 □喜歡出版社
　□活動折扣 □親友推薦 □送禮 □其他：_____

● **就食譜叢書來說，您喜歡什麼樣的主題呢？**
　□中餐烹調 □西餐烹調 □日韓料理 □異國料理 □中式點心 □西式點心 □麵包
　□健康飲食 □甜點裝飾技巧 □冰品 □咖啡 □茶 □創業資訊 □其他：_____

● **就食譜叢書來說，您比較在意什麼？**
　□健康趨勢 □好不好吃 □作法簡單 □取材方便 □原理解析 □其他：_____

● **會吸引你購買食譜書的原因有？**
　□作者 □出版社 □實用性高 □口碑推薦 □排版設計精美 □其他：_____

● **跟我們說說話吧～想說什麼都可以哦！**

□□□-□□

寄件人 地址：

姓名：

廣 告 回 信
免 貼 郵 票
三 重 郵 局 登 記 證
三 重 廣 字 第 0 7 5 1 號

平 信

24253 新北市新莊區化成路 293 巷 32 號

上優文化事業有限公司　收
（優品）

暢銷人氣麵包　**讀者回函**

（請沿此虛線對折寄回）

◆ 優品文化事業有限公司
電話：(02)8521-2523
傳真：(02)8521-6206
信箱：8521service ＠ gmail.com

上優好書網　　FB 粉絲專頁　　YouTube 頻道